AF524134

Dr. Erwin Klein

em. Professor für Waldwachstumslehre und Forstbetriebsplanung

an der Hochschule Weihenstephan-Triesdorf, Fakultät für Wald und Forstwirtschaft

in Freising

# Vom Fichtenforst zum Dauerwald

## Die Gruppenpflege bei der Baumart Fichte

Berichte aus der Holz- und Forstwirtschaft

**Erwin Klein**

# Vom Fichtenforst zum Dauerwald

## Die Gruppenpflege bei der Baumart Fichte

Shaker Verlag
Aachen 2010

**Bibliografische Information der Deutschen Nationalbibliothek**
Die Deutsche Nationalbibliothek verzeichnet diese Publikation in der Deutschen Nationalbibliografie; detaillierte bibliografische Daten sind im Internet über http://dnb.d-nb.de abrufbar.

Copyright Shaker Verlag 2010
Alle Rechte, auch das des auszugsweisen Nachdruckes, der auszugsweisen oder vollständigen Wiedergabe, der Speicherung in Datenverarbeitungsanlagen und der Übersetzung, vorbehalten.

Printed in Germany.

ISBN 978-3-8322-9415-1
ISSN 1615-1674

Shaker Verlag GmbH • Postfach 101818 • 52018 Aachen
Telefon: 02407 / 95 96 - 0 • Telefax: 02407 / 95 96 - 9
Internet: www.shaker.de • E-Mail: info@shaker.de

## INHALT

# Vorwort

ALFRED MÖLLER (35) hat durch seinen „Dauerwaldgedanken" dem Waldbau den Weg von einer mechanistisch geprägten Forstwirtschaft zu einer ökologisch ausgerichteten Waldwirtschaft eröffnet.

Trotz vieler guter Ergebnisse engagierter Praktiker sind unsere heutigen Wirtschaftswälder weit von einem Ideal entfernt. Abgesehen von emmissions- und klimabedingten Schäden, auf die wir Forstleute keinen direkten Einfluss haben, liegen doch insgesamt die Wurzeln für diese missliche Situation in der auch heute noch weit verbreiteten Denkweise aus dem „Schlagweisen Altersklassenwald".

So hat auch in den letzten drei Jahrzehnten der Pflegegedanke einen Rückschritt durch Betonung von mechanistischen Prinzipien erfahren, vertreten durch verschiedene ZB-Durchforstungen, mit einer auf den Endbestand orientierten geringen Anzahl von Z-Bäumen.

Eine Weiterentwicklung der Pflege im Sinne des Dauerwaldgedankens, muss die Denkstrukturen des Altersklassenwaldes und eine Orientierung nur auf kurzfristigen Erfolg verlassen - neue ökologische Erkenntnisse einbeziehen, - von einer Gesamtbetrachtung des Waldes als Ökosystem ausgehen, - die Vielfalt, Stetigkeit und Nachhaltigkeit zum Ziel haben.

Die Waldpflege erhält damit eine erweiterte Zielrichtung, nämlich zur „Waldökosystempflege" unter Einbeziehung sowohl der Produktions-, Schutz- und Erholungsfunktion sowie von Zielen des Naturschutzes. Eine naturgemäße Ausrichtung der Waldpflege garantiert auch ein nachhaltiges höchstes wirtschaftliches Ergebnis.

Infolge der zu erwartenden Klimaerwärmung wird die Fichte außerhalb ihres natürlichen Verbreitungsgebietes zunehmend an Fläche verlieren und durch angepasstere Baumarten ersetzt werden müssen. Dazu brauchen wir eine Pflegestrategie, welche einen möglichst frühen Umbau unserer reinen Fichtenbestände mit der geringsten Destabilisierung und Wahrung eines hohen Zuwachses ermöglicht.

Es war klar, dass die umfangreichen Aufgaben nicht mit einer ZB-Durchforstung erreicht werden können, sondern durch eine ungleichmäßig geführte Pflege unter Ausnutzung der Struktur mit den Strukturelementen Mischung, Ungleichaltrigkeit, vertikale Schichtung und vor allem der horizontalen Verteilung.

Um diese erweiterten vielfältigen Ziele zu erreichen, wurde an dem von mir vertretenen Fachgebiet Waldwachstum, an der Fakultät für Wald und Forstwirtschaft der Fachhochschule Weihenstephan, die Gruppenpflege (GrPf) als Methode des Umbaus zum Dauerwald entwickelt und erprobt. Dazu sind zahlreiche Versuchsflächen, beginnend ab 1979, in reinen und gemischten Fichten-, Buchen- und Ahornbeständen angelegt und jährlich ausgewertet worden.

In nachstehender Arbeit werden vorerst nur die Fichtenversuchsflächen vorgestellt, die Buchen- und Ahornflächen sind für eine spätere Veröffentlichung vorbehalten.

An dieser Stelle möchte ich auch den zahlreichen Diplomanden danken, die durch ihre Diplomarbeiten wichtige Bausteine geliefert haben. Besonders bedanken möchte ich mich bei meinem Mitarbeiter H. Müller, der die zahlreichen Versuchsflächen mit betreut hat.

In vorliegender Abhandlung steht demnach die Gruppenpflege im Mittelpunkt. Es ist kein Lehrbuch in dem Sinne, dass Begriffe, ökologische Grundlagen, Waldbausysteme u.a. erläutert werden. Auch auf selbstverständliche Dinge wird i.d.R. nicht eingegangen.

Im Mittelpunkt steht die Auswertung konkreter Versuchsflächen, um daraus Schlussfolgerungen und Anregungen für die Durchführung naturgemäßer Pflegeprinzipien, unter Beachtung örtlicher Gegebenheiten, zu vermitteln. Es ist ein Beitrag aus der praxisbezogenen Forschung für den Praktiker.

Freising, 2010 Erwin Klein

# 1. DAUERWALD UND GRUPPENPFLEGE

Grundlagen und Durchführung der Gruppenpflege

## 1.1 Der Dauerwaldgedanke

Nachdem der Altersklassenwald mit flächigen Nadelholz-Reinbeständen die dominierende Waldform – und der Kahlschlag die allgegenwärtige Wirtschaftsform des 19. und 20. Jahrhunderts geworden war, stellten sich auch bald die Nachteile eines solchen naturfernen Waldes heraus.

Infolge Fehlens der Selbstregulation, wie sie natürlichen Ökosystemen eigen ist, häuften sich bei diesen Kunstgebilden Kalamitäten in riesigem Umfang durch Insektenschäden, Schneebruch, Windwurf und Pilzkrankheiten.

Schon früh wurden kritische Stimmen gegen einen solchen Holzackerbau laut. Einer der ersten, der von einer unheilvollen Entwicklung des schlagweisen Hochwaldes gewarnt hat, war JOHANN GOTTLOB KÖNIG, der Gründer der Eisenacher Landesforstschule (1829) und späteren Forstakademie (1905). Auch heute hat seine Mahnung, die er 1840 an die Versammlung deutscher Land- und Forstwirte in Brünn richtete, aktuelle Bedeutung:

*„Lasst uns unserem höheren Berufe getreu, neben der ergiebigen Holzzucht die natürlichen Bestimmungen der Wälder nicht aus dem Blicke verlieren. Wir müssen aufhören, diese so zart belebten Wesen als mechanisch wieder entstehende Haufwerke zu behandeln, die man nur mit der Axt zu teilen habe nach den Federstrichen kurzsichtiger Rechner, denn das Wachsen und Gedeihen der Wälder hängt an sehr feinen, tief verborgenen Fäden “.*

In seinem Buch „Die Waldpflege“ fordert König eine naturnahe Bewirtschaftung, gemischte Wälder, Stufigkeit und Ungleichaltrigkeit (25). König war Vorreiter – man würde heute sagen – einer Betrachtung des Waldes als Ökosystem.

Ihren Höhepunkt fand die Kritik am schlagweisen Hochwald in der Dauerwaldidee von ALFRED MÖLLER (35), wobei er sich auch auf Gedankengut und Erfahrungen u.a. von ROßMÄßLER, RAMAN, BREFELD, BORGGREFE, GAYER stützen konnte.

Besonders KARL GAYER war bestimmend für die Grundprinzipien des Dauerwaldgedankens. Er wendet sich eindringlich gegen den großflächigen Nadelholzanbau und betont die Stetigkeit als das Lebensprinzip des Waldes. Voraussetzung für die Stetigkeit sind Mischbestände unter Beachtung des Standortes und eine naturnahe Bewirtschaftung. Sein vorweggenommenes Verständnis des Waldes als Ökosystem wird aus verschiedenen Äußerungen in seinem Buch "Der gemischte Wald“ deutlich (10) z.B.:

*„Es ist ein alterkanntes Gesetz, dass mit jeder Störung des Gleichgewichtes in der natürlichen Ordnung der Dinge ein verstärktes Heraufwachsen der Gefahren für das Bestehende verknüpft ist, dass in der Harmonie aller im Walde wirkenden Kräfte das Rätsel der Produktion liegt. Erkennen wir an, dass die Natur schließlich doch unsere beste Lehrmeisterin ist, und dass wir uns nicht auf Wegen bewegen dürfen, die allzuweit von ihren Bahnen obliegen.“*

Die Stetigkeit und eine strenge Kontinuität der Waldbehandlung wurde auch das übergeordnete Leitmotiv des Dauerwaldgedankens. Möller gibt keine Vorgaben für einen bestimmten Aufbau des Waldes. Der Dauerwald ist lediglich durch den Grundgedanken der „Stetigkeit eines gesunden Waldwesens" definiert (35).

Letzte Gewissheit über die Richtigkeit des Dauerwaldgedankens war für Alfred Möller die Berührung mit der Bärenthorener Kiefernwirtschaft des Kammerherrn v. Kalitsch im Jahre 1911.

Die dort erfolgte Einstellung von Kahlschlägen und die Durchführung von vorratspfleglichen einzelstammweisen Nutzungen, über die ganze Wirtschaftsfläche im kurzen Turnus und das Belassen des Reisigs, entsprach Möllers Vorstellungen von der Stetigkeit eines gesunden Waldwesens.

Möller bemerkt hierzu:
*„Für alle Waldwirtschaften, alle Betriebsarten, die unter den gemeinsamen Grundgedanken "Stetigkeit des gesunden Waldwesens" ihr Handeln stellen, brauchte ich einen neuen Ausdruck, ich nannte solche Wirtschaften „Dauerwaldbetriebe".*

Die wichtigsten Merkmale einer Dauerwaldwirtschaft im Sinne der Stetigkeit sind:

- tätiger gesunder Boden
- kein Kahlschlag
- Streben nach biologischer Vielfalt
- Mischung
- Ungleichaltrigkeit
- Stufigkeit
- Möglichst hoher und wertvoller Vorrat
- Hoher Zuwachs
- Möglichst Naturverjüngung

Die Stetigkeit kann nach Möller durch folgende Maßnahmen erreicht werden:

- Bodenpflege
- Einzelstammnutzung
- Baumpflege anstelle von Bestandespflege
- Vorratspflege nach vorratspfleglichen Gesichtspunkten und nach dem Ausleseprinzip
- Kurzer Pflegeturnus entsprechend dem Wert der Bestockung
- Stammweises Auszeichnen
- Ergänzung vorratsarmer Teile mit autochthonen Baumarten
- Einbeziehung von Pionierbaumarten

## 1.2 Grundlagen der Gruppenpflege

Gleichmäßige Verteilungen in der Natur kommen selten vor, weil die Standortsbedingungen und die genetischen Eigenschaften nie so einheitlich sind, dass eine gleich große Konkurrenz herrscht (39, 40). So ist auch in Wäldern die häufigste räumliche Verteilung - abgesehen von Sonderstandorten - ungleichmäßig gehäuft, aus Gruppen starker und schwächerer Bäume.

Am ausgeprägtesten ist dies unter starken Witterungseinflüssen. So findet man unter den extremen Bedingungen von Schnee und Wind im subalpinen Fichtenwald die ausgesprochenen Rottenstrukturen (26). Diese sind eine Überlebensstrategie der Natur gegen äußere Einflüsse. MLINSEK (34) konnte nachweisen, dass die Widerstandskraft gegen Wind und Schnee mit höherer Stammzahldichte innerhalb der Rotte exponentiell zunimmt.

Solche Zusammenballungen findet man aber auch in tieferen Lagen bis in die kolline Zone von < 450 m NN, allerdings in abgeschwächter Form, mehr oder weniger bei allen Baumarten (22, 23). Die ursprünglichen Gruppierungen sind nicht stabil, sie unterliegen einer dynamischen Entwicklung. Die Bäume ordnen sich zu immer neuen Gruppierungen zusammen.

BUSSE (4) hat bereits im Jahre 1930 aus seinen Beobachtungen heraus, dass im Walde „überall Ungleichheiten“ vorzufinden sind, den Begriff der „Gruppendurchforstung“ geprägt und in einer späteren Arbeit auch Hinweise für die praktische Durchführung gegeben. Dabei steht die Ausnutzung der ungleichmäßigen Durchmesserverteilung - der horizontalen Struktur - bei der Durchforstung im Vordergrund.

BIOLLEY (2) strebte mit seiner Plenterdurchforstung ungleichaltrige und strukturierte Bestände an. Das Pflegeprinzip besteht in der Begünstigung sowohl im herrschenden – als auch im beherrschten Bereich. Das Schwergewicht liegt bei der Entnahme vor allem von mittelständigen Bäumen. Damit erfolgte gleichzeitig eine permanente Förderung der Verjüngung.

Auf diese Weise entstanden die herrlichen Plenterwälder von Couvet und in anderen Teilen der Schweiz.

SCHÄDELIN (47) hat etwa zur gleichen Zeit 1934 der Durchforstung mit der betonten Orientierung auf einen „Auslese- und Veredelungsbetrieb höchster Wertleistung“ eine neue Zielrichtung gegeben.

LEIBUNDGUT (29) hat die Auslesedurchforstung von Schädelin übernommen und durch neuere Erkenntnisse ergänzt.

KRUTZSCH (27) begründete die vorratspflegliche Waldwirtschaft u.a. mit dem Ziel eines horst-, gruppen-, trupp- und stammweise ungleichaltrig aufgebauten und gemischten Waldes mit dem Pflegegrundsatz „das Schlechte fällt zuerst, das Gute bleibt erhalten“.

AMMON (1) hebt das Plenterprinzip als allgemeingültig für alle Standorte und Baumarten, hervor.

KATO und MÜLDER (18, 19) haben in zahlreichen Veröffentlichungen ab 1973 die Gruppendurchforstung für die Buche übernommen und die Wert- und Zuwachsüberlegenheit gegenüber der Auslesedurchforstung bewiesen.

REININGER (43, 44) weist als erster mit seiner „Strukturdurchforstung“ bei der Fichte auf die Bedeutung des guten Zwischenstandes zur Ausnutzung des gesamten Durchmesserspektrums hin. Er spricht in diesem Zusammenhang von der Möglichkeit des Überganges von einer einschichtig-linearen in eine zyklisch-mehrschichtige Sukzession.

LANG (28) zeigt aus seiner langen praktischen Erfahrung heraus u.a. die große Bedeutung des Zwischen- und Unterstandes sowie von Weiden, Aspen, Himbeeren, Brombeeren und anderer Kraut- und Strauchpflanzen für die Differenzierung von Jugend auf, und damit für eine höhere Stabilität.

THOMASIUS (51) hat in neuerer Zeit die ökologische Begründung für den Dauerwald geliefert und damit die Dauerwaldidee von Alfred Möller auf ein zusammenfassendes wissenschaftliches Fundament gestellt.

OTTO (41) stellt mit seinem Buch “Waldökologie„ ein Standardwerk zu allen Fragen der wechselseitigen Beziehungen zwischen Umweltfaktoren und Wald zur Verfügung. Es werden u.a. auch Antworten auf Probleme, die im unmittelbaren Zusammenhang mit der Gruppenpflege stehen, wie z.B. die ökologischen Auswirkungen von Waldstrukturen oder Fragen der Walddynamik unter verschiedenen Einflüssen, ausführlich behandelt.

DANNECKER (7) hat durch sein umfangreiches - von praktischer Erfahrung getragenes Schrifttum - eine Fundgrube für viele forstliche Probleme, vor allem aber auch zu Fragen des Plenterwaldes, hinterlassen.

Zahlreiche Autoren im In- und Ausland haben sich mit Problemen der Waldökologie, mit Strukturproblemen bzw. der Gruppenbildung im Walde beschäftigt und wesentliche Beiträge zum Verständnis des Ökosystems Wald geliefert, z.B. MÜLDER (38 ), MÜLDER u. GREGER (37), GREGER (15), DUCHIRON (8), SCHÜTZ (48), ZAJACZKOWSKI (52), NIKITIN, BESKARAWAINYI, u.a. - aus GREGER (15 ).

Weitere Autoren haben in neuerer Zeit Beiträge zur Bewirtschaftung und zum Umbau von Reinbeständen in Dauerwald gebracht, z.B. PALMER (42), v.d.GOLTZ (11, 12), RUDOLF (46), STAHL-STREIT (50), MÖBS (36), LEMKE (31), HANEWINKEL (16) u.a.

**Dabei haben sich zwei Richtungen herausgebildet. Die eine knüpft an die ZB-Durchforstung mit einer Einzelbaumförderung an, während die zweite – welche auch hier in dieser Arbeit vertreten wird - die Einzelbäume in ihrer strukturellen Vielfalt in die Pflege einbezieht.**

Die im Folgenden erörterte Gruppenpflege, wie sie im Lehrgebiet Waldwachstum der Fachhochschule Weihenstephan entwickelt worden ist, und über die Verfasser in verschiedenen Artikeln bereits berichtet haben u.a. (20-24), bezieht je nach Ausgangslage sowohl **Elemente der Gruppendurchforstung, der Plenterdurchforstung nach Biolley bzw. der Strukturdurchforstung nach Reininger, der Auslesedurchforstung -gerichtet auf mehrere Zielträger und der Vorratspflege** - in die praktische Durchführung mit ein.

Um nicht unbedingt neue Namen zu erfinden, wurde in Anlehnung an BUSSE am Begriff der Gruppe festgehalten, obwohl es sich in konkreten Beständen nur um eine Truppausformung handelt. Da andererseits der Begriff “Durchforstung“ beim Altersklassenwald verbleibt, soll hier die bewusst gewählte „**Gruppenpflege**“ die Zielstellung zum Dauerwald verdeutlichen.

## 1.3 Pflegeziele der Gruppenpflege (GrPf)

Die Gruppenpflege ist ein Weg zum Dauerwald unter Ausnutzung des Wert- und Massenzuwachses der vorhandenen Bestände. Darüberhinaus werden aber auch die Weichen für einen frühen Übergang zu strukturierten Beständen (Mischung, Ungleichaltrigkeit, vertikale und horizontale Verteilung) gestellt. **Ziel ist es, einen Umbau von Altersklassenwäldern ohne Inkaufnahme von Zuwachsverlusten vorzunehmen.**

Die Gruppenpflege sucht in einer ganzheitlichen Betrachtung des Waldes als Ökosystem, die wirtschaftlichen Zielstellungen mit der Natur und nicht gegen sie zu verwirklichen. Sie strebt eine Synthese zwischen Holzproduktion, Sicherung der Schutz- und Erholungsfunktion sowie von Zielen des Naturschutzes an.

Eine naturnahe Waldpflege ist bestrebt, alle Strukturelemente für eine möglichst hohe Mannigfaltigkeit, für eine Verbesserung der Wachstumsbedingungen und der Stabilität auszunutzen. Die Strukturierung ist verschieden je **nach Standort, der Schattentoleranz der Baumarten, nach Alter – oder u.a. nach der genetischen Zusammensetzung. Auch der Kleinstandort** spielt eine wesentliche Rolle für die Ausprägung der Bestandsstruktur.

So findet man innerhalb eines Bestandes kleinflächige Unterschiede in der Bestockung. Selbst bei gleichaltrigen Beständen ist bei allen Baumarten eine erstaunliche truppweise Differenzierung nach Durchmesser und im jüngeren Alter auch nach der Höhe vorhanden.

Neben den mehrheitlich vorkommenden Gruppierungen findet man in geringem Umfang auch einzelstehende Auslesebäume. Diese werden selbstverständlich nach dem Prinzip der Auslesedurchforstung auch einzeln gefördert.

Infolge des schon von F. W. LEOPOLD PFEIL geprägten “Eisernen Gesetzes des Örtlichen“ können für die GrPf nur allgemeine Grundregeln angegeben werden, die dem Einzelfall angepasst werden müssen.

Für die Weiterentwicklung des Pflegegedankens unter den genannten erweiterten Aufgaben werden folgende Pflegeziele formuliert:

- **Ökologische Vielfalt** durch Einbeziehung aller Strukturelemente wie horizontale und vertikale Struktur, Mischung und Ungleichaltrigkeit.
- **Nach Standort und der angestrebten Struktur angepasster möglichst hoher Vorrat**
- **Hoher Zuwachs nach Masse und Wert - mit geringsten Kosten -** durch Ausnutzung des gesamten Durchmesserspektrums für die Produktion, durch Einbeziehung von Gruppierungen zuwachskräftiger, sowie von entwicklungsfähigen schwächeren Gruppen und Einzelbäumen
- **Keine Homogenisierung** mit Festlegen von Abständen, Baumzahlen und Anzahl von Auslesebäumen
- **Hohe Stabilität** unter Ausnutzung aller sich bietenden Strukturelemente
- **Stammweises Auszeichnen** unter Anwendung von Elementen der Auslesedurchforstung – gezielt auf mehrere Zielträger - der Plenterung und Vorratspflege
- **Bodenpflege** – guter Humuszustand und Durchwurzelung durch Mischung und Struktur

- **Waldklimapflege** – Windruhe und Verbesserung des Wasserhaushaltes durch Mischung und Stufigkeit
- **Risikofreier Übergang zur Zielstärkennutzung** durch Strukturvielfalt
- **Akzeptieren von Kronenunterbrechungen** zur Ermöglichung eines frühzeitigen Umbaus reiner Bestände mit Hilfe von Verjüngung
- **Habitatbaum- und Totholzstrategie**

Von den aufgezeigten Pflegezielen ist die Einbeziehung jeder sich bietenden Vielfalt von entscheidender Bedeutung. Da die Ausgangsbestände i.d.R. unterschiedliche Strukturen aufweisen, muss sich eine Pflege auch individuell, entsprechend der Ausgangslage anpassen. Es werden demnach **keine künstlichen Strukturen geschaffen, sondern das Vorhandene übernommen und ausgebaut**.

Als allgemeiner Grundsatz gilt aber, dass die Pflege nur eine solche sein kann, die ungleichmäßig geführt wird und keine Homogenisierung mit Vorgaben von Baumzahlen und Abständen vornimmt.

Demzufolge ist auch die Anzahl von Auslesebäumen von Bestand zu Bestand unterschiedlich. Die Auswahl erfolgt nach den Kriterien **Stabilität, Vitalität, Qualität, Gesundheit und Zuwachspotenz** aus dem herrschenden aber auch aus den zurückgebliebenen Gruppen. Wir bezeichnen sie als **Gruppen-Auslesebäume (GrAB).**

Die Rangfolge der Kriterien ist nach der Bestandesverfassung und nach Baumarten unterschiedlich.

Da der Abstand keine Rolle spielt, ergeben sich bei der Gruppenpflege mehr Auslesebäume als bei einer Auslesedurchforstung oder gar Z-Baumdurchforstung. Dadurch, aber auch durch eine flächige Bearbeitung und einem dem Standort und der Struktur möglichst hohen Vorrat, nutzt die Gruppenpflege das gesamte Zuwachspotential aus.

**Eine frühe Festlegung auf eine bestimmte Anzahl, dazu noch auf wenige Endbestandsbäume, wie es die neuen ZB-Durchforstungen vornehmen, nutzt das vorhandene Standortspotential nicht aus und vergibt ganz einfach Zuwachs.**

Diese Beschränkung ist nichts Neues, schon Alfred Möller beklagt dies durch seine Vergleich mit dem Kartoffelbauer der eine reiche Ernte zu erwarten hat (35 ):

*„...Stellt er sich resigniert hin und spricht: leider müssen die Kartoffeln erfrieren oder verfaulen, denn ich kann keine Leute zum Buddeln bekommen? Nein er sagt, ich muss Leute beschaffen, auf alle Fälle, denn die Kartoffeln dürfen nicht verderben. Dass die Kartoffeln der Nutzung verloren gehen, wenn sie nicht geerntet werden, sieht jeder, dass durch unterlassene Kultur und Pflegearbeit Holz uns verloren geht, macht man sich nicht klar.....*

Auch für die Stabilität legt die Gruppenpflege einen ökologischen Ansatz zugrunde. Anstelle des HD-Verhältnisses gewinnen die Strukturelemente, vor allem die horizontale Struktur mit stabilen Auslesegruppen und Innenträufen am Rande von Lücken, an Bedeutung.

Gruppenstrukturen vermögen die Stabilität der Bestockung durch die zerteilende und bremsende Wirkung auf die Windkräfte, infolge eines unterbrochenen Kronendaches mit Innenträufen und durch die Erhöhung der Widerstandskraft durch eine ungleichmäßige **horizontale und vertikale Stufigkeit, zu erhöhen.**

Durch das unterbrochene Kronendach wird außerdem die Bildung geschlossener Schneeauflagen verhindert und damit möglicher Schneebruch minimiert. Jeder Pflegeeingriff bewirkt eine vorübergehende Instabilität. Die Gruppenpflege ist eine Methode der geringsten Destabilisierung, weil sie gewachsene Gruppierungen nicht auseinanderreisst.

Die **Lücken sind ein wichtiges Strukturelement** und ermöglichen eine frühe, schon im jungen Alter beginnende und sich kontinuierlich fortsetzende natürliche oder künstliche Verjüngung, vor allem mit den Schattenbaumarten Tanne und Buche.

Notwendige Nachlichtungen bzw. Erweiterungen erfolgen nach dem Grundsatz: „**keine gezielten Räumungen oder offene Randstellungen, sondern je nach Lichtbedarf unterschiedlich starke und in die Randbereiche greifende Lückenschirmstellungen unter Belassen entwicklungsfähiger Bäume über den Vorausverjüngungen.**"

Es muss dabei ausdrücklich betont werden, dass Lücken nicht künstlich hineingehauen werden, sondern sie ergeben sich natürlich und durch die ungleichmäßig geführte Pflege, je nach Ausgangslage schon nach dem ersten Eingriff oder aber erst nach mehrmaligen Durchläufen.

Hier greifen Waldpflege und Verjüngung eng ineinander, um die Nachhaltigkeit der Bodenkraft, die Schaffung von Mischbeständen und die Erhöhung der Stabilität von Jugend auf zu gewährleisten.

Auch hierin drückt sich die neue Qualität einer naturgemäßen Waldbehandlung aus. Allerdings bedarf es hierfür einer Abkehr vom Denken nach Altersklassen, vom räumlich geordneten Nebeneinander und zeitlichem Nacheinander waldbaulicher Maßnahmen.

BLANCKMEISTER (3) hat bereits 1956 darauf hingewiesen, dass der bisherige statische Ordnungsgedanke durch einen dynamischen ersetzt werden muss.

Durch die angestrebte Strukturvielfalt wird der Bodenpflege und Waldklimapflege Rechnung getragen, sowie ein risikofreier Übergang zur Zielstärkennutzung ermöglicht.

Alle waldbaulichen Maßnahmen, abgesehen von speziellen Naturschutzproblemen, sollen auch flächendeckend Ziele des Naturschutzes beinhalten. Dazu ist auch ein angemessener Anteil an Habitatbäumen und Totholz, als Lebensraum für eine Vielzahl von Tieren, Pflanzen, Pilze u.a. zu erhalten.

## 1.4 Praktische Durchführung der Gruppenpflege bei der Fichte

Die GrPf gibt keine Vorgaben über Anzahl und Abstände von Auslesebäumen und eine Entnahme in bestimmten Durchmesserklassen nach Modellen. Ein solches schematisches Vorgehen ist nicht Gegenstand der GrPf. und entspricht auch nicht dem Dauerwaldgedanken.

**Ansatzpunkt für die GrPf sind vorhandene Baumgruppen aus starken Bäumen, aus denen die Gruppen-Auslesbäume (GrAB1) nach den Kriterien Stabilität, Vitalität,**

**Qualität, Gesundheit und Entwicklungsfähigkeit ausgesucht werden. Diese bilden die Auslesegruppen, ihre Anzahl als auch die der GrAB ist von Bestand zu Bestand unterschiedlich.**

**In den zwischen den Baumgruppen liegenden Zwischenteilen werden entwicklungsfähige Bäume aus niedrigeren sozialen Baumklassen in Anlehnung an Reiniger ausgesucht und als potentielle spätere Auslesebäume gefördert (GrAB2)**

Die Rangfolge der Kriterien bei der Auswahl der GrAB und auch die Stärke der Eingriffe ist abhängig vom Standort, der Baumart, der Mischung und der entsprechenden Zielstellung.

Die entstehende Durchmesserstruktur wird je nach Ausgangslage unterschiedlich sein, sich aber wahrscheinlich langfristig an eine Plenterstruktur in einer ihrer vielen Erscheinungsformen annähern. Die Entwicklung überlassen wir aber getrost der Zukunft.

Die volle Übertragung der Ergebnisse aus den in dieser Arbeit ausgewerteten Versuchsflächen ist insofern nur mit Einschränkung erlaubt, als nicht das gesamte vorkommende Standortspektrum und auch nicht alle Ausgangslagen einbezogen werden konnten.

Insofern können hier nur grundsätzliche Aussagen getroffen werden. Im Einzelfall müssen selbstverständlich, entsprechend den örtlichen Bedingungen, Abänderungen getroffen werden. **Das Grundprinzip der Gruppenpflege bleibt aber allgemeingültig und wird dadurch nicht berührt.**

Auch eine Entscheidung über die Notwendigkeit eines Pflegeeingriffes, oder ob ein solcher noch zeitlich hinausgeschoben werden kann, hängt von der Bestandesentwicklung ab und muss vom Wirtschafter entsprechend beurteilt werden.

Da wir es mit Altersklassenwälder zu tun haben, wird hier auch nach den wie folgt definierten Entwicklungsstufen vorgegangen: **Jungwuchs** bis 2m Höhe, **beginnende Dickung**: >2-4m, **typische Dickung**: >4 – 6 m, **auslaufende Dickung**: > 6 – 10m, **Stangenholz**: >10 – 20 m, **Baumholz**: > 20 m (nach BHD untergliedert: geringes 20-35cm, mittleres 36-50cm, starkes > 50cm). Die Gruppenpflege beginnt bereits im Jungwuchs- bzw. Dickungsstadium und setzt sich über alle Entwicklungsstufen fort.

Bei der Fichte steht in der Rangfolge der Pflegeziele die **Erhöhung der Stabilität gegen Windwurf und Bruch** im Vordergrund der waldbaulichen Behandlung. Dies soll erreicht werden durch die Förderung einer ökologischen Vielfalt, die Einbeziehung aller sich bietenden Strukturelemente in die Pflegekette.

Ein weiteres wichtiges Ziel ist, einen **möglichst frühen Umbau reiner Fichtenbestände in strukturierte und ungleichaltrige Mischbestände ohne Zuwachsverluste vorzunehmen**.

Hierzu ist eine frühe ungleichmäßige Baumverteilung mit dichten Teilen, aber auch mit kleinen Lücken, notwendig.

In langfristigen Naturverjüngungen mit ungleichmäßiger Schirmstellung, sind in den jungen Entwicklungsstufen bis zum Stangenholz i.d.R. keine Pflegeeingriffe notwendig. Eine ungleichmäßige Schirmstellung führt bei der Fichtenverjüngung zu einer natürlichen Differenzierung mit ungleichmäßiger Verteilung und einem stufigen stabilen Aufbau.

Bei rasch abgedeckten Naturverjüngungen, bei gleichmäßigen Auflichtungen mit flächiger Verjüngung und geringer Differenzierung oder bei dichten Pflanzungen mit über 2500 Stck/ha oder eingeflogener Naturverjüngung sind meistens Pflegeeingriffe im Stadium bis zur typischen Dickung in Form einer negativen Auslese notwendig. In großflächigen Partien müssen zur Übersichtlichkeit Gassenaufhiebe vorgenommen werden.

### 1.4.1 Pflege im Jungwuchs und in der Dickung

Es werden Bäume mit Kronen- und Stammdeformationen wie Zwisel, Verbuschungen, Schlängelwuchs, Krummschaftigkeit, Schiefstand und anderen Schäden bzw. schwach entwickelte entnommen. Nach Untersuchungen von KLEIN (20) kommen Triebdeformationen vor allem bei vorwüchsigen Kammfichten vor, so dass die Fichtentypen nach morphologischen Variationen für weitere Forschungen wieder eine Bedeutung erlangen sollten. Für die praktische Pflege muss es vorerst genügen, lediglich auf solche Triebschädigungen zu achten.

Da die deformierten Bäume nicht gleichmäßig verteilt über der Fläche stehen, führt ihre Entnahme zu einem ungleichmäßigen Bestandesaufbau mit wechselnden dichteren und lichteren Partien. **Die Entnahme schlechter Fichten sollte ohne Angst vor entstehenden Lücken vorgenommen werden (21).**

Die Lücke ist ein wichtiges Strukturelement für die Bildung von Innenträufen und damit für eine höhere Stabilität. Auf instabilen Standorten kann bei entsprechender Größe der Lücken, schon in diesem jungen Alter, ein Umbau in einen Mischbestand über Naturverjüngung oder Pflanzung erfolgen.

I.d.R. setzt jedoch eine Verjüngung erst zu einem späteren Zeitpunkt ab der Stangenholzphase ein, wenn sich die Gruppenstrukturen durch wiederholte Pflegeeingriffe deutlicher herausgebildet haben.

In vielen Fichtendickungen findet man einzel stehendes Laubholz im Zwischen- und Unterstand vor. Durch die ungleichmäßig geführte Pflege erfährt dieses eine Förderung und kann auf Dauer erhalten werden. Auch dies führt zu einer frühzeitigen Mischung und Stufigkeit, zu einer höheren Stabilität und zu einer nicht zu unterschätzenden Verbesserung der ökologischen Bedingungen.

Es ergeben sich auch neue Gesichtspunkte hinsichtlich Stabilität und Astigkeit. Während die aufgelockerten Teile mit ihren tiefbeasteten Bäumen und die Randbäume an den Lücken mit Innenträufen stabile Zellen bilden, sorgen die dichteren Teile für eine entsprechende Feinastigkeit. Eine Grünastung ist auch auf wüchsigen Standorten nicht notwendig.

In der Praxis haben sich je nach Ausgangslage verschiedene andere Pflegevarianten entwickelt wie: Gassenschnitte, Linienpunktpflege mit Auskesseln um vorwüchsige stabile Fichten von Bedrängern, Reihenentnahmen von jeder 5. oder 10. Reihe und Stammzahlreduktionen in den Zwischenbalken u.a.

Grundsätzlich kann nach jeder anderen Jungwuchs- und Dickungspflegevariante, aber auch bei nicht gepflegten Jungwüchsen oder Dickungen, zur Gruppenpflege übergegangen werden. Bis zum Stangenholz bilden sich i.d.R.- auch wenn sie vorher auseinandergerissen worden sind- wieder Gruppierungen heraus, auf welche die folgenden Eingriffe zurückgreifen können.

**Die Jungwuchs- oder Dickungspflege sollte so stark geführt werden, dass der nächste Eingriff erst im Stangenholz mit der Werbung kostendeckender Sortimente notwendig wird.**

### 1.4.2 Pflege im Stangenholz und Baumholz

In diesem Entwicklungsstadium erfolgt die Auswahl der GrAB nach den Kriterien Stabilität, Vitalität, Gesundheit und Qualität, ohne eine bestimmte Anzahl und einen Abstand festzulegen. **Ansatzpunkte für die Auswahl sind Baumgruppen mit starken Bäumen aus dem vorherrschenden Bereich (Kraft 1), mit Ausnahme von Protzen, bzw. aus der guten herrschenden sozialen Baumschicht (Kraft 2), wir bezeichnen sie als GrAB1**.

Da der Abstand keine Rolle spielt, ist die Anzahl der GrAB1 relativ hoch, jedenfalls höher als Auslesebäume (AB) bei einer Auslesedurchforstung oder gar nur auf den Endbestand orientierte Z-Bäume (ZB) bei einer ZB-Durchforstung.

Nach unseren Untersuchungen ordnen sich bei der Fichte die GrAB1 zu einem hohen Anteil mit 85 % zu Auslesegruppen zusammen. Dies ist offensichtlich die Reaktion gegen eine höhere Gefährdung gegen Wind und Schnee. Die Gruppenstruktur ist eine Überlebensstrategie der Natur gegen äußere Einflüsse. Sie ist auch unterschiedlich nach dem Gefährdungsgrad der Baumarten.

Neben den Auslesegruppen aus dem herrschenden Bereich, stehen in geringerem Umfang auch zurückgebliebene gruppiert- oder einzelstehende Bäume. Nach Untersuchungen von LIEBOLD (32) sind gleichaltrige zurückgebliebene Bäume nur vorübergehend in der Lage, in eine höhere soziale Baumklasse umzusetzen, um dann wieder abzufallen. Insgesamt nehmen sie nach ca.20 Jahren ihre untergeordnete Rangfolge wieder ein.

Völlig anders zu beurteilen sind Naturverjüngungen oder eingesprengte jüngere Gruppen oder Einzelbäume in Pflanzbeständen. Hier sind zurückgebliebene, aber noch gut entwickelte Bäume, bei entsprechender Freistellung, in der Lage, auf Dauer in eine höhere soziale Baumklasse umzusetzen. Da sich auch in Pflanzbeständen häufig jüngere Naturverjüngung einstellt, **sollten in jedem Fall aus sozial niedrigeren Baumklassen entwicklungsfähige gut bekronte GrAB2, in Anlehnung an REININGER (43), ausgewählt und gezielt gefördert werden**.

Diese tragen zu einer langfristigen Durchmesserspreizung bei und sind ein wichtiges Element zum Dauerwald. Mitunter müssen zur Verbesserung ihrer Wachstumsbedingungen auch überschirmende Bäume aus dem herrschenden- oder zwischenständigen Bereich entnommen werden.

Es soll hier ausdrücklich erwähnt werden, dass die Auslesegruppen nicht statisch feststehen, sie unterliegen einer dynamischen Entwicklung. **Die GrAB ordnen sich vielfach mit zunehmendem Alter, infolge von Umsetzungsprozessen, zu immer neuen Gruppierungen zusammen, so dass bei jedem Eingriff eine neue Beurteilung vorgenommen werden muss**.

Aus den bei uns gemachten Erfahrungen kann auch in Beständen, in denen schon eine ein- bis zweimalige Auslesedurchforstung durchgeführt worden ist, zur Gruppenpflege übergeleitet werden, da sich immer wieder Gruppierungen herausbilden.

Auch die Anzahl der GrAB und der AB ist von Bestand zu Bestand unterschiedlich hoch und nimmt mit zunehmendem Alter ab. So wurden in jeweils 10 vergleichbaren Versuchsflächen zwischen Gruppenpflege und Auslesedurchforstung zu Beginn der Pflegemaßnahmen im Stangenholz bei der GrPf 238 - 542 (403) GrAB1/ha und bei der AD 193-340 (253) AB/ha vorgefunden. Am Ende der Stangenholzphase waren in den gleichen Beständen nur noch 179-416 (331) GrAB1/ha und 163-249 (218) AB/ha vorhanden.

**Nach der Auswahl der GrAB1 erfolgt ihre Förderung durch Entnahme von Bedrängern am Rande der Auslesegruppen**. Im Inneren empfiehlt es sich, vorerst keine Eingriffe vorzunehmen, um die gewachsenen Strukturen nicht zu destabilisieren. Erst zu einem späteren Zeitpunkt können auch hier zurücksetzende Fichten bedenkenlos entnommen werden. Da die Auslesegruppen aus den stabilsten Bestandesgliedern bestehen, werden die Eingriffe vom Rande her kräftig geführt, ohne eine zu starke Destabilisierung befürchten zu müssen. Dadurch wird i.d.R. auch in die Zwischenteile eingegriffen, bei Bedarf erfolgt aber auch in diesen eine gezielte Förderung entwicklungsfähiger Gruppen und auch von Einzelbäumen niederer sozialer Baumklassen (GrAB2).

Die vorherrschenden Bäume (Kraft 1) sind i.d.R., mit Ausnahme von Protzen, Rotfaulen und anderer schlechter Schaft- und Kronenausformungen, Gruppen-Auslesebäume. Demzufolge fallen bei der Nutzung hauptsächlich solche aus dem herrschenden Bereich (Kraft 2) und in geringerem Umfang in den Kronenraum hineindrängende mitherrschende (Kraft 3) an.

Dieses ungleichmäßige Vorgehen vom Rande der Auslesegruppen her, erweitert bereits vorhandene bzw. führt zu neuen Bestandeslücken, die eine beginnende natürliche- oder künstliche Verjüngung bereits im Stangenholz ermöglichen.

**Die Lücke ist demnach ein wesentliches Strukturelement zum frühen Umbau reiner Fichtenbestände in klimaangepasste Mischbestände, im Hinblick auch auf eine zu erwartende Klimaveränderung**.

An vorhandenen Mischbaumarten erfolgt eine Kronenumlichtung zur Erzielung einer möglichst früh einsetzenden Naturverjüngung.

Bei bisherigen Verjüngungsverfahren, so auch im Femelschlag, wird die Verjüngung in einem viel zu spätem Alter eingeleitet. Die Folge ist eine zunehmende Destabilisierung bei notwendigen Nachlichtungen über den Vorausverjüngungsgruppen mit verstärkten Windeinbrüchen und Käferbefall.

Unter folgenden Voraussetzungen kann aber auch in älteren Beständen von über 60 Jahren ein Übergang in Dauerwald angestrebt werden: stabiler Standort - Gesundheit - noch relativ große Durchmesserspreitung mit entwicklungsfähigen schwächeren Fichten – begünstigend wäre noch ein Anteil von Mischbaumarten.

**Leitsatz sollte jedoch sein, die Weichen für einen möglichst frühen Umbau zu stellen**. Eine früh einsetzende Verjüngung, eine dadurch früh erfolgende Stufigkeit und Mischung, führt zu einer höheren Stabilität. Durch die größere Anzahl von Auslesebäumen erfolgt weiterhin eine besseren Ausnutzung der potentiellen Standortkräfte und dies ermöglicht eine Verjüngung ohne Zuwachsverluste.

Wenn eine natürliche Verjüngung mit standörtlich anzustrebenden Mischbaumarten nicht zu erwarten ist, müssen diese selbstverständlich künstlich eingebracht werden. Dazu bieten sich die durch die Gruppenpflege schon im jungen Alter entstehenden kleinen Lücken für eine truppweise Vorausverjüngung an.

Die Flächengröße einer künstlichen Vorausverjüngung kann sich nach der Überschirmungsdauer richten. **Je länger eine Überschirmung möglich ist, desto kleinflächiger kann eine solche Verjüngung erfolgen,** ohne auch z.B. bei der Buche eine Steilrandbildung befürchten zu müssen.

In älteren Fichtenbeständen, in denen keine längere Schirmdauer mehr zu erwarten ist, sollte dagegen eine Vorausverjüngung der Buche flächiger bis zur Gruppengröße von 30m Durchmesser erfolgen.

Die weiteren Pflegeeingriffe verfolgen, neben einer notwendigen Nachlichtung über der Verjüngung, immer wieder die genannten Pflegeziele bis zur Nutzung starker Bäume oder ganzer Baumgruppen nach vorratspfleglichen Gesichtspunkten.

Mit der allmählichen Nutzung der ursprünglichen Auslesegruppen im Herrschenden treten an ihre Stelle heranwachsende jüngere Teile aus Naturverjüngung oder Pflanzung, bzw. aus den geförderten GrAB 2. **Es erfolgt mit zunehmenden Alter eine immer stärkere Verzahnung zwischen Auslese in allen Höhenschichten – von vorratspfleglichen Eingriffen - von Strukturpflege- Zielstärkennutzung und Verjüngung**.

Zur Erleichterung der praktischen Durchführung einer GrPf. im Stangen-und Baumholz in der Fichte wird folgende Kurzfassung zusammengestellt:

### 1.4.3 Kurzfassung für die Durchführung der Gruppenpflege (GrPf) bei der Fichte im Stangen- und Baumholz (> 10 m H)

1. **Auswahl von Auslesegruppen im herrschenden Bereich**
   Diese bestehen aus den vitalsten, gesunden, starken und qualitativ guten Fichten, unabhängig von ihrem Abstand und ihrer Anzahl. Wir bezeichnen sie deshalb als Gruppenauslesebäume (GrAB1)
2. **Förderung der Auslesegruppen durch Entnahme von Bedrängern am Rande der Auslesegruppen.**
   Da die vorherrschenden Fichten (Baumklasse 1) i.d.R. zu einer Auslesegruppe gehören, werden vornehmlich Bäume aus dem herrschenden (BKl 2) und dem mitherrschenden Bereich (BKl 3) entnommen. Entstehende Lücken sind willkommene Ansatzpunkte für eine frühzeitige Verjüngung von Mischbaumarten.
3. **Maßnahmen in den Zwischenfeldern**
   Förderung von entwicklungsfähigen in Gruppen oder einzelstehenden Fichten (GrAB 2) als potentielle Reserve für den künftigen herrschenden Bereich.
4. **Fortsetzung der Pflegemaßnahmen im Turnus von 5 Jahren**
   Wie Ziff. 1 bis 3, Entnahmen je Eingriff je nach Bonität von 50 bis 70 Efm.o.R. je

ha, mit steigender Tendenz in Höhe des Zuwachses. Im inneren der Auslesegruppen können auch in der sozialen Stellung zurücksetzende Bäume entnommen werden.

5. **Übergang zur Zielstärkennutzung**
Nach Erreichen der Zielstärken, beginnend ab 50 cm BHD. Entnahme von Einzelbäumen bzw. bei Ausbildung einer gemeinsamen Gruppenkrone Entnahme einer gesamten Gruppe.

**Vorteile gegenüber einer ZB-Durchforstung**

- **Hohe Stabilität** durch Innenträufe an Lücken - geringere Destabilisierung durch Belassen und Förderung gewachsener Gruppierungen mit einer höheren Anzahl stabiler Bäume; früh einsetzende Mischung.
- **Hoher Zuwachs** durch - eine höhere Anzahl von vitalen Auslesebäumen; Zuwachsförderung auch in den Zwischenteilen.
- **Hohe Qualität** durch - Feinastigkeit im Inneren der Gruppen.
- **Ökologische Wirkung und Nachhaltigkeit** durch - Waldklimapflege mittels Struktur-Bodenpflege; Mischung und Struktur.

## 1.5 Entwicklung der Durchmesserstruktur und des Zuwachses

Die nach dem Prinzip der Gruppenpflege vorgenommenen Eingriffe führen zu einer höheren Anzahl von Auslesebäumen gegenüber einer Auslesedurchforstung und Z-Baum-Durchforstung. Typisch **für die Gruppenpflege ist eine Erhöhung der Stammzahl im starken und eine Reduktion im mittleren Durchmesserbereich**.

Es erfolgt zunehmend eine zweigipfelige Verteilung je nach Ausgangslage gleich nach dem ersten Pflegeeingriff im Stangenholz oder aber erst nach mehrmaligen Eingriffen. Parallel mit der Ausformung dieser unterschiedlichen Struktur entwickelt sich auch der **Volumenzuwachs** immer mehr zugunsten der Gruppenpflege.

Während die Auslese - und die ZB-Durchforstung relativ viele starke zuwachskräftige Bäume als Bedränger entnimmt, werden diese i.d.R. bei der Gruppenpflege als GrAB gefördert.

So kann der Lichtungszuwachs, vor allem bei einer ZB-Durchforstung mit wenigen Z-Bäumen, den Verlust durch die Entnahme zuwachskräftiger Bäume nicht ausgleichen. Außerdem geht ein möglicher Lichtungszuwachs in den unbehandelten Zwischenfeldern verloren.

Bezüglich des **Durchmesserzuwachses** leisten die in den in Zif. 1.4.2 genannten Versuchsflächen die durchschnittlich 253 bis 218 AB/ha, für die Zuwachsperiode von 17 bis 51 Jahren mit 0,74 cm/J. einen um ca. 3% höheren Durchmesserzuwachs als die durchschnittlich rd. 403 bis 331 GrAB1/ha mit 0,72 cm/J. Der Durchmesserzuwachs aber der nur 100 stärksten AB/ha liegt mit 0,82 cm/J. sogar niedriger als derjenige der 100 stärksten GrAB/ha mit 0,85 cm/J.

Des Weiteren bestätigen hier zugrundegelegte Versuchsflächen, dass eine Pflege von noch entwicklungsfähigen Bäumen aus niedrigeren sozialen Baumklassen, wie es die GrPf. vornimmt, den Durchmesserzuwachs relativ am höchsten steigern kann. Die Gesamtbilanz hinsichtlich der Ausnutzung des möglichen Durchmesserzuwachses fällt eindeutig zugunsten der GrPf aus.

Weiterhin haben zurückliegende Untersuchungen (22) ergeben, dass auf guten Fichtenstandorten, bei starker Förderung von Z-Bäumen, qualitätsmindernde wulstige Schaftdeformationen mit starken Jahrringen auftreten können.

**Insgesamt kann festgestellt werden, dass eine Beschränkung der Pflege nur auf wenige starke und vorwüchsigen Bäume das vorhandene Zuwachspotential nicht ausnutzen kann. Außerdem können Qualitätsverluste auftreten.**

## 1.6 Ovalität und Exzentrizität

Zur Klärung dieser oft gestellten Frage wurden 75 Radiusmessungen an Fi-Stammscheiben in 1,30 m Höhe aus zwei Fichtenbeständen in Abhängigkeit vom Baumabstand und der Windrichtung vorgenommen (Ziff.4.1).

Die Untersuchung ergab, dass der Baumabstand in einem durch die GrPf ungleichmäßig aufgelockerten Bestandsgefüge keinen oder nur einen geringen Einfluss auf die Ovalität und Exzentrizität ausübt. Zu gleichen Ergebnissen kommt auch eine an der FHS Weihenstephan durchgeführte Diplomarbeit in einem Fichtenaltbestand (13).

# 2. ERGEBNISSE VON WALDWACHSTUMSKUNDLICHEN FICHTEN - VERSUCHSFLÄCHEN IN DER SUBMONTANEN HÖHENSTUFE (450 – 800 mNN)

## 2.1 XII 9 c2 Kohlstattholz Fl. 1, 2 und 3

Standort: Wuchsgebiet Tertiäres Hügelland, 450mNN, 780mm Jahresniederschlag, 7,9° Jahresdurchschnittst., mäß.frischer, kiesig lehmiger Sand, leicht nach S geneigt

Bestand: Die Versuchsflächen 1, 2 und 3 wurden im Jahre 1980 im Alter von 25 Jahren im Rahmen einer Diplomarbeit als Auslesedurchforstung (Fl. 1), als ZB-Durchforstung (Fl. 2) und als unbehandelte 0-Fl (Fl. 3) angelegt. In Fl. 1 ist später zur Gruppenpflege übergegangen worden. Versuchsziel: Vergleich Gr-Pflege zu ZB-Durchforstung

### 2.1.1 Bestandsdaten

Tab. 1 - **Fl. 1 Gruppenpflege (Gr-Pf )**

| | N/ha | G/ha | Vorrat/ha | | dg | hg | Do- | OH | Ijz/ha/J. |
|---|---|---|---|---|---|---|---|---|---|
| | Stck. | Qm | Vfm. | Efm.o.R. | cm | m | cm | Bon. | DH Efm.o.R. |
| Ges..B. 25 J. | 4783 | | | | | | | | |
| AD 25 J. | 1350 | 7,3 | 31 | 25 | 8,3 | | | | |
| Verbl.B. 25 J | 3433 | 20,3 | 94 | 76 | 8,7 | | | | |
| Verbl. B. 26 J. | 3433 | 26,1 | 131 | 106 | 9,8 | 10,3 | 12,5 | 38 | |
| Vergl.B. 27 J. | 3433 | 28,3 | 149 | 121 | 10,2 | | | | |
| Ges.B. 34 J. | 3242 | 45,9 | 343 | 278 | 13,4 | 14,8 | | 38 | |
| AD 34 J. | 661 | 10 | 78 | 63 | 13,9 | | | | |
| Bruch an RG | 181 | 3,1 | 25 | 20 | 14,8 | | | | |
| Verbl. B. 34 J. | 2400 | 32,8 | 240 | 195 | 13,2 | 14,6 | | 38 | |
| Ges.B. 40 J. | 2065 | 43 | 390 | 316 | 16,3 | | | 38 | 26-40 (15J.)21,5 |
| Gr-Pf. 40 J. | 371 | 7,1 | 68 | 55 | 15,6 | | | | 27-40 (14J.)20,9 |
| Vergl.B. 40 J. | 1694 | 35,9 | 322 | 261 | 16,4 | | 26,5 | 38 | |
| **Ges.B. 43 J.** | 1567 | 41,9 | 386 | 312 | 18,4 | | 28,9 | 38 | |
| Gr-Pf. 45 J. | 226 | 5,1 | 71 | 57 | 19,6 | | | | |
| Ges.B. 49 J. | 1222 | 46 | 515 | 417 | 21,9 | | | 38 | |
| Gr-Pf. 49 J. | 217 | 8 | 89 | 72 | 21,6 | | | | |
| Verbl. B. 49 J. | 1005 | 38 | 426 | 345 | 21,9 | | 33,6 | 38 | |
| Ges.B. 51 J. | 915 | 40,8 | 484 | 392 | 23,8 | 22,9 | 35,1 | 38 | 41-51 (11J.)23,6 |
| | | | | | | | | | 26-51 (26J.)22,4 |
| | | | | | | | | | 27-51 (25J.)22,1 |

Tab. 2: **Fl.2 ZB-Durchforstung (ZB-D)**

| | N/ha | G/ha | Vorrat/ha | | Dg | hg | do- | OH. | Ijz/ha/J |
|---|---|---|---|---|---|---|---|---|---|
| | Stck. | qm | Vfm. | Efm.o.R. | cm | m | cm | Bon. | DH Efm.O.R. |
| Ges.B. 25 J. | 7590 | | | | | | | | |
| ZB-D 25 J. | 2529 | 7,9 | 37 | 30 | 6,3 | 9,8 | | | |
| Verbl.B. 25 J. | 5060 | 20,6 | 59 | 48 | 7,2 | | | | |
| Verbl.B. 26 J. | 5027 | 25,7 | 86 | 70 | 8,1 | 9,8 | 12,5 | 38 | |
| Ges.B. 34 J. | 4160 | 42,1 | 280 | 223 | 11,4 | 13,7 | | 38 | |
| ZB-D 34 J. | 487 | 4,9 | 35 | 28 | 11,8 | 13,8 | | | |
| Verbl.B. 34 J. | 3673 | 37,2 | 241 | 195 | 11,3 | 13,6 | | 38 | |
| Ges.B. 40 J. | 2947 | 45,3 | 357 | 289 | 14 | | | 38 | 26-40 (15J.)17,9 |
| ZB-D 40 J. | 531 | 9 | 83 | 67 | 14,7 | | | | 27-40 (14J.)17,6 |
| Verbl.B. 40 J. | 2416 | 36,3 | 274 | 222 | 13,8 | | 25,1 | 38 | |
| Ges.B. 43 J. | 2124 | 40,8 | 351 | 284 | 15,6 | | 27,9 | 38 | |
| ZB-D 45 J. | 217 | 6,8 | 72 | 58 | 19,2 | | | | |
| Ges.B. 49 J. | 1571 | 42,4 | 434 | 351 | 18,5 | | | 38 | |
| ZB-D 49 J. | 195 | 5,9 | 62 | 50 | 19,7 | | | | |
| Verbl.B. 49 J. | 1376 | 37,5 | 372 | 301 | 18,6 | 18,8 | 32,6 | 38 | |
| Ges.B. 51 J. | 964 | 37,2 | 424 | 344 | 22,2 | 21,9 | 34,2 | 38 | 41-51 (11J.)20,9 |
| | | | | | | | | | 26-51 (26J.)19,2 |
| | | | | | | | | | 27-51 (25J.)19,1 |

Tab.3: **Fl. 3 0-Fläche (unbehandelt)**

| | N/ha | G/ha | Vorrat/ha | | dg | hg | do- | OH | Ijz/ha/J. |
|---|---|---|---|---|---|---|---|---|---|
| | Stck. | Qm | Vfm. | Efm.o.R. | cm | m | cm | Bon. | DH Efm.o.R. |
| Ges.B. 26 J. | 5145 | 35,3 | 162 | 131 | 9,3 | | 12,5 | 38 | |
| Ges.B. 43 J. | 2955 | 60,4 | 533 | 432 | 16,1 | | 27,5 | 38 | |
| Ges.B. 51 J. | 2062 | 62,4 | 643 | 521 | 19,6 | 19,8 | 33 | 38 | 27-51 (25J.)15,6 |

Die Ausgangsstammzahlen betrugen in Fl. 1 8696 Stck./ha, in Fl. 2 10732 Stck./ha, in Fl. 3 9535 Stck./ha. Infolge der überdichten Ausgangslagen wurde zuerst, um eine Begehbarkeit zu ermöglichen, im gesamten Versuchskomplex eine Stammzahlreduktion vorgenommen. Danach erfolgten in Fl. 1 zwei Auslesedurchforstungen ohne Festlegung auf eine bestimmte Anzahl von Auslesebäumen, bevor zur Gruppenpflege übergegangen worden ist.

In Fläche 2 wurden dagegen nach der Stammzahlreduktion ZB-Durchforstungen vorgenommen. Die Zwischenteile blieben unberührt. Entsprechend damaligen Vorstellungen wurden zur 1. Durchforstung 500 ZB je ha ausgewählt. Es zeigte sich bald, dass diese für den Endbestand viel zu viele waren, so dass von Durchforstung zu Durchforstung eine setige Reduktion vorgenommen werden musste. Insofern ist die Fl. 2 einer Auslesedurchforstung ähnlich. Sie wird aber in den folgenden Ausführungen – mit genannter Einschränkung- weiter als ZB-D bezeichnet. In Fl. 3 erfolgten keine weiteren Eingriffe.

Die Anzahl der Gr-AB in Fl. 1 und der ZB in Fl. 2 entwickelte sich wie folgt:

| Tab.4 | | |
|---|---|---|
| Alter/J. | Fl. 1 | Fl.2 |
| | GrAB1 | ZB |
| | N/ha | N/ha |
| 25 | - | 500 |
| 34 | 435 | 336 |
| 40 | 435 | 303 |
| 45 | 353 | 228 |
| 49 | 290 | 217 |
| | | |

### 2.1.2 Vergleich der Durchmesserstruktur

In folgender Abbildung ist die Durchmesserverteilung nach dem letzen Pflegeeingriff zu ersehen:

Abb. 1

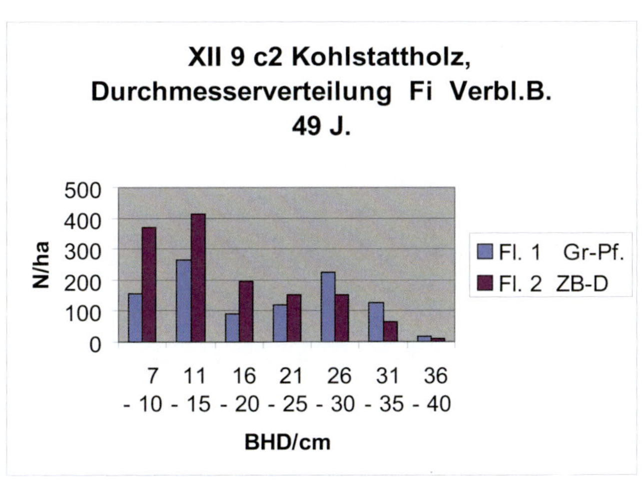

Vorstehende Durchmesserstruktur zeigt die typischen Unterschiede zwischen einer GrPf und einer ZB-Durchforstung. Typisch für die GrPf ist die Erhöhung der Stammzahlen im starken - und eine Reduktion im mittleren - Durchmesserbereich, durch Entnahme von Bedrängern vor allem aus herrschenden – und evtl. aus in den Kronenraum eindringenden mitherrschenden Baumklassen. Während die ZB-D relativ viele starke zuwachskräftige Bäume als Bedränger entnimmt, werden diese i.d.R. bei der GrPf als GrAB gefördert.

Die geringere Stammzahl auch im schwachen Durchmesserbereich von 7 – 15 cm ist auf die zusätzliche Förderung auch zurückgebliebener Gruppen zurückzuführen.

Diese unterschiedliche Struktur hat Einfluss auf den Volumenzuwachs .

## 2.1.3 Vergleich des Volumenzuwachses

Wie aus Ziff. 2.1.1 ersichtlich ist der laufend jährliche Volumenzuwachs je ha (ljz/ha) bei der GrPf höher als bei der ZB-D, obwohl auch bei dieser eine relativ hohe Anzahl von ZB gefördert worden sind. Bei einer Reduktion der ZB nur auf 100 N/ha, wären die Zuwachsverluste noch höher. Bei der ZB-D wird zwar ein höherer Lichtungszuwachs an den wenigen ZB erzielt, dies kann aber den Verlust durch die stärkere Entnahme zuwachskräftiger Bäume nicht ausgleichen. Außerdem wird bei der ZB-D ein möglicher Zuwachs in den Zwischenteilen nicht ausgenutzt.

Der Volumenzuwachs ist nicht nur abhängig von der standörtlich optimalen Vorratshaltung, sondern auch davon, wie sich dieser Vorrat zusammensetzt. Die vorhandene Durchmesserstruktur lässt bei dieser Versuchsfläche auch für die Zukunft einen höheren Volumenzuwachs der GrPf gegenüber der ZB-D mit Sicherheit erwarten.

Die Gründe dafür lassen sich wie folgt zusammenfassen:

- in der flächigeren Bearbeitung durch die GrPf gegenüber der ZB-D.
- in einer Ausnutzung des Lichtungszuwachses bei der GrPf an mehr Auslesebäumen
- in einer Verschiebung der Durchmesserstruktur durch die GrPf in stärkere Dimensionen hin.

## 2.1.4 Verlauf des Durchmesserzuwachses

| Tab. 5<br>jährlicher Durchmesserzuwachs (id/cm) von Fichten-Auslesebäumen<br>bei Gruppen- und Z-Baum- Durchforstung sowie 0- Fläche | | | | | | |
|---|---|---|---|---|---|---|
| | | | | | | |
| Alter/J. | Fl.1 | FL.1 | Fl.2 | Fl.2 | 0- Fl. | 0- Fl. |
| | GrAB 290* | GrAB 100^ | ZB 217* | ZB 98^ | GrAB 241* | GrAB 103^ |
| 27-51 (25J.) | 0,71 | 0,8 | 0,73 | 0,82 | 0,55 | 0,54 |
| BHD 51 J. | 31 | 34,3 | 30,3 | 34,1 | 28 | 29,8 |
| * GrAB u.ZB je ha im Alter 51 Jahre, ^ 100stärkste GrAB u.ZB je ha | | | | | | |

Der Verlauf des Durchmesserzuwachses der 100 stärksten GrAB und ZB je ha werden in folgender Grafik verdeutlicht:

Abb. 2

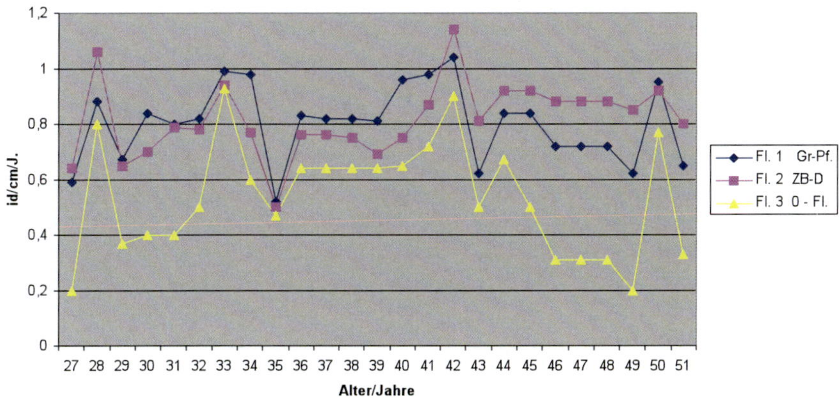


Sowohl der Durchmesserzuwachs der gesamten - als auch der 100-stärksten ZB je ha in Fl. 2 liegen gering höher als die der GrAB in Fl. 1. Hier kommt die stärkere Förderung des Einzelbaumes bei der ZB-D positiv zum Ausdruck.

Andererseits wird jedoch bei der GrPf der mögliche Lichtungszuwachs, wenn auch in geringerer Größe, an mehr Bäumen ausgenutzt, so dass die Gesamtbilanz zugunsten der GrPf ausfällt.

## 2.2 X 2 a3 Wiesenholz Fl. 11 und 1 + 2

Bei der Fakultät für Wald und Forstwirtschaft der Fachhochschule Weihenstephan wurden bereits vor rd. 20 Jahren einige Versuchsflächen mit dem Ziel angelegt, schon nach der ersten Dickungspflege einen Umbau reiner Fichtenbestände mit früh einsetzender Verjüngung einzuleiten.

Ein solches Vorgehen war damals und ist es auch heute noch höchst ungewöhnlich, da eine Verjüngung erst im eingereihten Bestand im fortgeschrittenen Alter planmäßig stattfinden darf. Unter dem neuerlichen Aspekt einer zu erwartenden Klimaerwärmung, erlangen diese Flächen heute aber aktuelle Bedeutung.

Der Grundgedanke bei der Anlage dieser Flächen war der, dass nicht jahrzehntelang Fichtenreinbestände mit ihren nachteiligen Wirkungen mitgeschleppt, sondern möglichst früh die Weichen für gemischte, ungleichaltrige und gestufte Bestände gestellt werden, wobei der Umbau nicht mit Zuwachsverlusten verbunden sein sollte.

Hierzu werden im Folgenden die Fl. 11 und die Fl. 1 + 2 ausgewertet:

### 2.2.1 Fläche 11

Standort: Wuchsgebiet Tertiäres Hügelland, 495 mNN, 780 mm Jahresniederschlag, 7,7° Jahresdurchschnittstemperatur, frischer sandiger Lehm, eben

Bestand: Fi- Pflanzung mit einzelnen Lbh- NV, 91 Fi, 9 Ei, Vobe, Ah, Bi, Erl; beginnender Dickungsschluss

Im Jahre 1991 im Alter von 9 Jahren erfolgte eine Dickungspflege mit einer Entnahme aller schlechten Exemplare ohne Rücksicht auf eine gleichmäßige Verteilung des verbleibenden Bestands. Nach diesem starken Eingriff mit einer Entnahme von 1500 Fichten je ha, wurden im Herbst 1992, bei einer Höhe der Fichte von 2 – 4 m (2,5 m) 1417 Bu-Loden je ha truppweise in entstandene Lücken gepflanzt. Die Kosten der Pflanzung betrugen 2.267,58 €/ha (1,60 €/Pflanze).

Versuchsziel: frühzeitiger Umbau einer fast reinen Fichtendickung in Dauerwald mit Hilfe der GrPf und Buchenpflanzung

#### 2.2.1.1 Baumzahlen und Vorrat

Tab. 1

Entwicklung von Baumzahl und Vorrat

| | Fi | Bu | Ei | Bah | Bi (s.Lbh.) | Ges. | Vfm. | Efm.o.R. |
|---|---|---|---|---|---|---|---|---|
| | N/ha | N/ha | N/ha | N/ha | N/ha | N/ha | DH/ha | DH/ha |
| Ges.B. 1991 (9J.) | 3801 | - | 117 | 52 | 208 | 4178 | - | - |
| % | 91 | - | 3 | 1 | 5 | 100 | | |
| aussch.B.1991 (9J.) | 1500 | | | | | 1500 | - | - |
| GrPf. | | | | | | | | |
| Verb.B. 1992 (10J.) | 2301 | 1417 | 117 | 52 | 208 | 4095 | - | - |
| % | 56 | 35 | 3 | 1 | 5 | 100 | | |
| aussch.B.1995 (13J.) | 221 | | | | | 221 | - | - |
| GrPf. | | | | | | | | |
| aussch.B.2001 (19J.) | 455 | | | | | 455 | 31 | 25 |
| GrPf. | | | | | | | | |
| aussch.B.2007 (25J.) | 221 | | | | | 221 | 53 | 43 |
| GrPf. | | | | | | | | |
| natürl.Abgänge | 845 | 156 | 26 | - | 91 | 1118 | - | - |
| 1991 bis 2008 | | | | | | | | |
| Verbl.B. 2008 (26J.) | 559 | 1261 | 91 | 52 | 117 | 2080 | 203 | 165 |
| % | 27 | 61 | 4 | 3 | 5 | 100 | | |
| dGZ 26 J. | | | | | | | 11 | 9 |

Wie aus vorstehender Tabelle ersichtlich, sind nach der Einbringung der Buche ein weiterer Pflegeeingriff ohne Nutzungsanfall, und anschließend zwei weitere mit Nutzungsanfall von insgesamt 84 Vfm/ha bzw. 68 Efm/ha erfolgt. Es ist innerhalb kurzer Zeit gelungen, einen Bestand mit 91 % Fichtenanteilen an der Stammzahl in einen Mischbestand mit 73 % Laubbäumen umzubauen.

Einschränkend muss jedoch festgestellt werden, dass die gepflanzten Buchen zum größten Teil nur einen Zwischen- und Unterstand bilden werden, und nur ein geringer Teil in den Hauptbestand umsetzen wird. Trotzdem ist aber für Jahrzehnte ein Mischbestand gesichert und für eine spätere natürliche Laubholzbeimischung werden auch genügend Samenbäume vorhanden sein. Gegenüber einer Verjüngung im Femelschlag mit 30 % Buche in einem Fichten-Altholz betrugen die hier angefallenen Kosten nur 80 Prozent.

Bis zum jetzigen Zeitpunkt hat ein Teil der Laubbaumarten bereits die Derbholzgrenze überschritten, wie in folgender Tabelle zu ersehen ist:

Tab. 2

Gesamtbestand 2008 > 7 cm

| | N/ha | G/ha | dg | hg | Ekl.^ | BG^ | Vfm. | Efm. o.R. | Fl.ant. | dGZ 26 J. (DH/J/ha) | |
|---|---|---|---|---|---|---|---|---|---|---|---|
| | Stck. | Qm | cm | m | | | DH/ha | DH/ha | % | Vfm. | Efm.o.R. |
| Fi 26 J. | 559 | 19,9 | 21,3 | 15,4 | 40 | 0,98 | 157 | 127 | 62 | 9,2 | 7,5 |
| Bu 16 J. | 65 | 0,4 | 8,9 | 7 | | | - | - | | - | - |
| Ei 30 J. | 65 | 1,5 | 17,2 | 13 | I,0 | 0,15 | 12 | 10 | 9 | 0,5 | 0,4 |
| EbEs 16 J. | 39 | 0,2 | 8,1 | 7 | | | - | - | | - | - |
| BAh 30 J | 52 | 1,4 | 18,5 | 14,5 | II,0 | 0,14 | 12 | 10 | 9 | 0,5 | 0,4 |
| Bi/Erl 30 J. | 26 | 2,2 | 32,8 | 14,5 | I,0 | 0,32 | 22 | 18 | 20 | 0,8 | 0,7 |
| Ges.B. | 806 | 25,6 | | | | 1,59 | 203 | 165 | | 11 | 9 |

^ Ekl. und BG Fi ET Assmann/Franz 1963, Ei ET Jüttner 1955, Bah Nagel 1985, Bi/Erl Bi Schwappach 1903/29

Neben den natürlich angekommenen Laubhölzern haben von den im Jahre 2008 vorhandenen 1261 Buchen je ha bereits 65 Stck./ha die Derbholzgrenze überschritten. Die insgesamt vorhandenen 247 Laubbäume je ha garantieren einen bleibenden Mischbestand für die jetzig und auch für die künftige Waldgeneration.

### 2.2.2 Fläche 1+2

Ursprünglich waren hier zwei Versuchsflächen angelegt worden, die aber zur Vergrößerung zusammengelegt worden sind. Hier soll geprüft werden, ob auch weit weniger Buchen ausreichen, um einen Mischbestand im frühen Alter begründen zu können.

Standort: Wuchsgebiet Tertiäres Hügelland, 495 m NN, 780 mm Jahresniederschlag, 7,9° Jahresdurchschnittstemperatur mäßig frischer bis frischer Feinlehm mit Verdichtung im Unterboden, leicht nach S geneigt

Bestand: Fi-Reinbestand mit einigen Ei, Bi , Ta; Dickung 13 J. , mH 5,5 m

Im Alter von 13 Jahren erfolgte eine Dickungspflege mit Entnahme von schlechten Fichten ohne Rücksicht auf eine gleichmäßige Verteilung des verbleibenden Bestands. Im Frühjahr 1988, im Alter von 15 J. und einer mH von 6,1 m, truppweise Pflanzung von 510 Bu-Loden je ha in entstandene Lücken. Die Kosten der Pflanzung betrugen rd. 30 % gegenüber einer Femelschlagverjüngung im Altholz mit einem Verjüngungsziel von 30 % Buche.

Im Alter von 16 J. erfolgte eine geringe Nachhiebskorrektur. Im folgenden Eingriff wurde das anfallende Material bereits aufgearbeitet.

Versuchsziel: frühzeitiger Umbau einer Fichtendickung in Dauerwald mit Hilfe der GrPf und Buchenpflanzung

## 2.2.2.1 Bestandsdaten

Tab. 1

Bestandsdaten Fichte im Alter 13 bis 35 Jahre (1986 - 2008)

| | | | Vorrat/ha | | dg | hg | | ljz.DH/ha | |
|---|---|---|---|---|---|---|---|---|---|
| | N/ha | G/ ha | Vfm. | Efm.o.R. | cm | m | Ekl. | Vfm. | Efm.o.R. |
| Pflanzung | 5000 | | | | | | | | |
| Ges.B. 13 J. | 3705 | | | | | 5,5 | | | |
| Dckspf. 13 J. | 1067 | | | | | | | | |
| " 16 J. | 299 | | | | | | | | |
| Verbl.B. 16 J. | 2339 | 15,7 | 51 | 42 | 9,3 | 8,0 | | | |
| Ges. B. 19 J. | 2331 | 20,4 | 118 | 96 | 10,6 | 10,0 | 40 | | |
| GrPf 19 J. | 526 | 5,5 | 23 | 18 | 11,5 | 10,5 | | | |
| Verbl.B. 19 J. | 1805 | 14,9 | 96 | 77 | 10,3 | 10,3 | 40 | | |
| GrPf 25 J. | 353 | 6,1 | 37 | 30 | 14,8 | 13,0 | | | |
| Ges.B. 26 J. | 1397 | 35,5 | 223 | 181 | 18,0 | 13,8 | 40 | | |
| Ges.B. 34 J. | 1279 | 47,5 | 471 | 381 | 21,8 | 16,1 | 40 | | |
| GrPf 34 J. | 345 | 9,7 | 87 | 70 | 19,0 | 16,0 | | | |
| Verbl.B. 34 J. | 934 | 37,8 | 384 | 311 | 22,7 | 16,4 | 40 | | |
| Ges.B. 35 J. | 895 | 39,1 | 407 | 330 | 23,6 | 16,8 | 40 | | |
| Ges.natürl.Abgang | 1515 | | | | | | | | |
| 17-35 J. (19 J.) | | | | | | | | 26,5 | 21,4 |
| (1990 - 2008) | | | | | | | | | |

Bis zum Alter von 35 Jahren erfolgten insgesamt 5 Pflegeeingriffe mit einem Nutzungsanfall von 147 Vfm/ha bzw. 118 Efm.o.R./ha.

Die Entwicklung der Mischbaumarten ist aus Tab. 2 ersichtlich.

### 2.2.2.2 Entwicklung der Mischbaumarten

| Tab. 2 | | | | |
|---|---|---|---|---|
| | | | N/ha | |
| | N/ha Ges. | | > 7 cm | |
| | 15 J. | 35 J. | 35 J. | |
| Bu | 510 | 392 | 71 | 8,9cm |
| Ei | 78 | 63 | 63 | 14,7 cm |
| Ta | 31 | 31 | - | - |

Mit Hilfe der Gruppenpflege und einer frühzeitigen Pflanzung von Buche sowie einer Förderung der vorhandenen Naturverjüngung von Eiche und Tanne war es möglich, aus fast reiner Fichte einen Mischbestand schon im jungen Alter mit Baumzahlen von 65% Fi, 28% Bu, 5% Ei und 2% Ta auszuformen.

Auch in dieser Versuchsfläche ist es gelungen, einen Mischbestand auf Dauer zu garantieren. Außerdem ist neben einem frühen Umbau auch mit 21,4 Efm/ha /J. ein hoher Zuwachs erzielt worden.

### 2.2.2.3 Baumtypenverteilung

In verschiedenen Arbeiten habe ich auf die Bedeutung der morphologischen Baumtypen im Zusammenhang mit vermehrten Trieb- und Stammdeformationen wie Verzwieselungen, Spiralwuchs und Knickigkeit, vor allem bei den Kammfichten hingewiesen, z.B.(20, 21).

Infolge dieser Erscheinungen rückte in der Dickungspflege die negative Auslese mit verstärkter Entnahme dieser schlechten Bäume in den Vordergrund.

| Tab. 3 | | | | | | | | |
|---|---|---|---|---|---|---|---|---|
| Baumtypen vor und nach der Dickungspflege | | | | | | | | |
| | Gesamtbestand 13 J. | | | | aussch.B. | | Verbl.B.16 J. | |
| | | | davon schlechte | | 13 u. 16 J | | | |
| | N/ha | % | N/ha | % | N/ha | % | N/ha | % |
| | | | | | | | | |
| B - Typen | 1530 | 41 | 63 | 4 | 172 | 13 | 1358 | 58 |
| M - Typen | 173 | 5 | 0 | 0 | 0 | 0 | 173 | 7 |
| K - Typen | 2002 | 54 | 942 | 47 | 1194 | 87 | 808 | 35 |
| Sa. | 3705 | | 1005 | | 1366 | | 2339 | |
| | | | | | | | | |
| B = Bürstentyp; M = mittlerer Typ, K = Kammtyp | | | | | | | | |

Aus Tab. 3 wird deutlich, dass die schlechten Fichten vor allem K-Typen waren. Durch ihre notwendige Entnahme ist die Bestandszusammensetzung wesentlich zugunsten der B-Typen verändert worden.

Wie allerdings aus der nachfolgenden Tab. 4 zu ersehen ist, sind die K-Typen nicht nur diejenigen mit den stärksten Deformationen sondern auch mit dem zumindest im Jugendwachstum höchsten Durchmesserzuwachs. Wahrscheinlich hängt die höhere Schädigung mit ihrer erhöhten Wachtumsgeschwindigkeit zusammen.

Ob die Überlegenheit der K-Typen auch langfristig anhalten wird, kann aus den hier vorliegenden Befunden nicht geklärt werden. Dies können wir aber getrost der weiteren natürlichen Entwicklung überlassen, weil von allen verbliebenen Baumtypen genügend Exemplare für die künftigen Auslese zur Verfügung stehen.

### 2.2.2.4 Horizontale Struktur nach der Dickungspflege

Die ungleichmäßig geführte Dickungspflege führte zu einem strukturierten Bestand mit einer hohen Durchmesserspreitung und mit einer für die Gr-Pf. typischen, ungleichmäßigen Stammverteilung (Abb. 1).

In die entstandenen Lücken wurde die Buche gepflanzt. Auf Grund des Standorts mit Verdichtung im Unterboden wäre es auch sinnvoll gewesen, einen Anteil an Tanne einzubringen, dies scheiterte aber zur damaligen Zeit noch am zu hohen Verbiss durch Rehwild.

Abb. 1

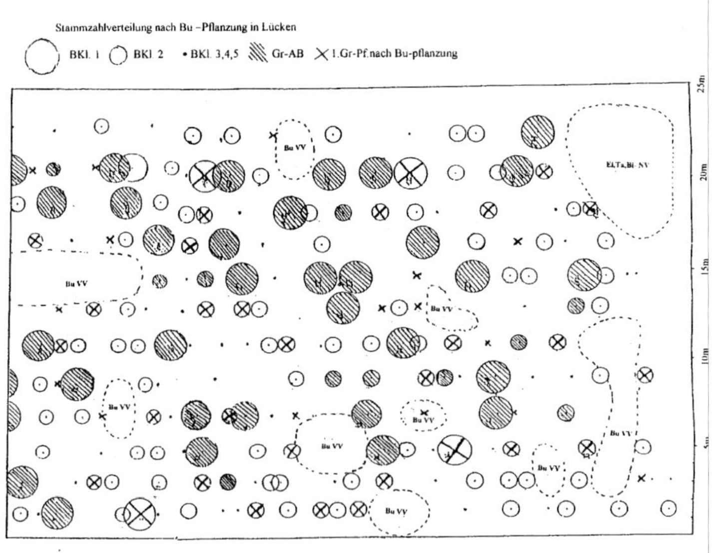

## 2.2.2.5 Durchmesserzuwachs

| Tab. 4 | | | | | | |
|---|---|---|---|---|---|---|
| Durchmesserzuwachs (cm/J.) aller GrAB/ha, davon der Kamm-und Bürstentypen sowie der rd.100 stärksten GrAB/ha | | | | | | |
| | GrAB | GrAB | K-T. | | B-T. | |
| | je ha | je ha | GrAB/ha | GrAB/ha | GrAB/ha | GrAB/ha |
| | 338^ | 102 | 133^^ | 102 | 181° | 102 |
| | | | | | | |
| zw-periode 17-19 J.(3J.) | 1,06 | 1,16 | 1,08 | 1,1 | 1,06 | 1,11 |
| zw-periode 20-25 J.(6J.) | 0,88 | 1,1 | 0,93 | 1,02 | 0,85 | 0,91 |
| zw-periode 26-34 J.(9J.) | 0,61 | 0,76 | 0,7 | 0,7 | 0,59 | 0,65 |
| zw-periode 35 J.(1J.) | 0,67 | 0,77 | 0,73 | 0,79 | 0,68 | 0,65 |
| zw-periode 17-35J. (19 J.) | 0,77 | 0,93 | 0,83 | 0,87 | 0,75 | 0,8 |
| (1990 - 2008) | | | | | | |
| BHD/cm 16 J. | 11 | 11 | 10,9 | 11 | 11,2 | 11,8 |
| BHD/cm 35 J. | 25,7 | 28,6 | 26,5 | 27,6 | 25,4 | 27 |
| ^ ab 35 J. 306 GrAB/ha , | ^^ ab 35 J. 126 GrAB/ha. ° ab 35 J. 157 GrAB/ha | | | | | |

Insgesamt konnte die GrPf einen hohen Durchmesserzuwachs an relativ vielen Auslesebäumen erzielen. Wie bereits angedeutet, leisten in diesem jungen Alter die K-Typen dabei einen höheren Zuwachs als die B-Typen. Wie der Zuwachs sich sowohl nach Baumtypen aber auch nach Baumklassen entwickelte, kann aus folgender Tab. 5 ersehen werden. In diese Berechnung sind nicht nur die GrAB, sondern alle im Jahre 2008 noch vorhandenen Fichten der Baumklassen 1 und 2, einbezogen worden.

| Tab. 5 | | | | |
|---|---|---|---|---|
| | | BHD/cm | BHD/cm | zd/J. |
| | N/ha | 21 J. | 35 J. | cm |
| K-Typen BKl 1* | 110 | 17,6 | 28,8 | 0,8 |
| BKl 2^ | 196 | 14,7 | 23,8 | 0,65 |
| B-Typen BKl 1 | 204 | 16,1 | 24,9 | 0,63 |
| BKl 2 | 180 | 13,8 | 22 | 0,59 |
| *BKl.1 vorherrsch.Fi.,^BKl.2 herrsch.Fi. | | | | |

Aus Tab. 5 wird deutlich, dass vor allem die vorherrschenden Bäume der K-Typen gegenüber den B-Typen im Durchmesserzuwachs überlegen sind.

Der jährliche Verlauf des Durchmesserzuwachses aller und der 100 stärksten GrAB/ha wird in folgender Abb. 2 dargestellt:

Beim linearen Verlauf für die Alter 29 bis 34 Jahre handelt es sich um Durchschnittswerte aus den Kluppungen im Alter 28 und 34 Jahre, so dass die jährlichen Schwankungen nicht ersichtlich sind.

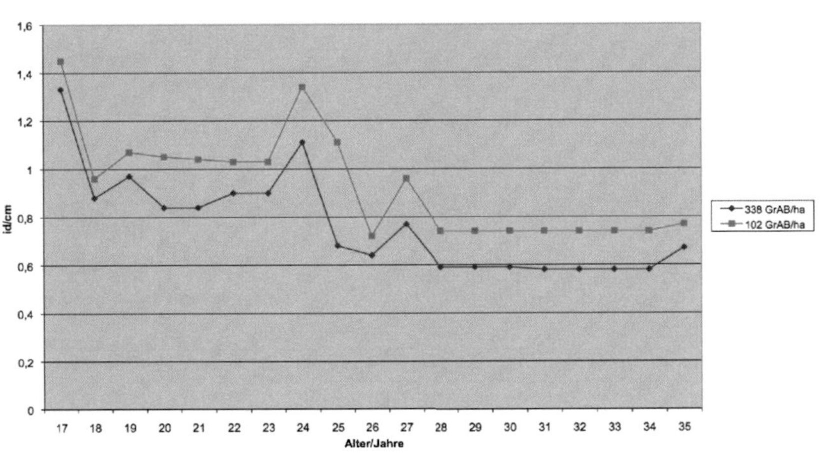


## 2.3 X 2 a3 Wiesenholz Fl. 3 und 4

Standort: Wuchsgebiet Tertiäres Hügelland 495 m NN, 780 mm Jahresniederschlag, 7,9° Jahresdurchschnittstgemperatur, frischer Feinlehm mit Verdichtung im Unterboden, eben bis schwach nach S geneigt.

Bestand: Fi – Reinbestand aus Pflanzung mit 5000 Stck./ha (2 x 1 m); Die jetzige Fl. 3 ist 1990 im Alter von 21 Jahren aus zwei Versuchsflächen (Fl.10 und 3) zusammengefasst worden. In der ehem. Vfl. 10 ist im Alter von 20 Jahren, in der Vfl.3t im Alter von 21 Jahren eine AD, ohne vorherige Dickungspflege erfolgt. Der Nutzungsanfall betrug insgesamt 22Vfm/ha bzw. 18 Efm.o.R./ha. Bis zum Alter von 38 J. erfolgten drei weitere AD.

In Fl. 4 sind dagegen im vergleichbaren Zeitraum mit einer Dickungspflege im Alter von 17 J., mit einer Entnahme von 1104 Fi je ha und einer weiteren GrPf bei 21 bzw. 22 Jahren, bereits zwei Eingriffe vorgenommen worden. Der Nutzungsanfall betrug 41 Vfm/ha bzw. 33 Efm.o.R./ha.

Bis zum Alter von 38 Jahren erfolgten drei weitere Eingriffe im Sinne der GrPf. Versuchsziel: Vergleich einer Auslesedurchforstung (AD) mit einer Gruppenpflege (GrPf.)

## 2.3.1 Bestandsdaten

Tab. 1

| | | G/ ha | Vorrat/ha | | dg | hg | do | Ijz/ha/J. |
|---|---|---|---|---|---|---|---|---|
| | N/ha | qm | VFm. | Efm.o.R. | cm | m | cm | Efm.o.R. |
| Fläche 3 AD | | | | | | | | |
| | | | | | | | | |
| Verbl.B. 22 J. | 1891 | 24,1 | 163 | 132 | 12,7 | 11,8 | | |
| Ges.B. 26 J. | 1891 | 34,9 | 262 | 213 | 15,3 | | | 23-26J. 20,0 |
| AD. 26 J. | 366 | 6,7 | 49 | 40 | 15,2 | | | |
| Verbl.B. 26 J. | 1525 | 28,2 | 242 | 173 | 15,4 | | | |
| | | | | | | | | |
| Ges. B. 31 J. | 1442 | 41,4 | 371 | 300 | 19,1 | 15,1 | | 27-31J. 25,4 |
| AD 31 J. | 461 | 12,1 | 105 | 85 | 18,3 | | | |
| Verbl. B. 31 J. | 981 | 29,3 | 266 | 215 | 19,5 | 15,2 | | |
| | | | | | | | | |
| Verbl. B. 37 J. | 910 | 39,6 | 396 | 321 | 23,5 | 17,2 | | |
| | | | | | | | | |
| Ges.B. 38 J. | 910 | 40,6 | 427 | 346 | 23,8 | 17,6 | | |
| AD 38 J. | 201 | 8,1 | 83 | 67 | 22,7 | | | |
| Verbl.B. 38 J. | 709 | 32,5 | 345 | 279 | 24,2 | 17,8 | 32,4 | 32-38J. 18,7 |
| | | | | | | | | |
| | | | | | | Ljz/ha 23 -38 J. (16J.) | | 21,2 |
| Fläche 4 GrPf. | | | | | | | | |
| Verbl.B. 22 J. | 1972 | 21,2 | 127 | 103 | 11,7 | 11,1 | | |
| | | | | | | | | |
| Ges.B. 26 J. | 1972 | 31,8 | 224 | 181 | 14,3 | | | 23-26J. 19,5 |
| GrPf. 26 J. | 437 | 5,5 | 33 | 27 | 12,7 | | | |
| Verbl.B. 26 J. | 1535 | 26,3 | 191 | 154 | 14,8 | | | |
| | | | | | | | | |
| Ges.B. 31 J. | 1451 | 38,3 | 332 | 269 | 18,3 | | | 27-31J. 23,0 |
| GrPf. 31 J. | 225 | 6 | 53 | 43 | 18,5 | | | |
| Verbl.B. 31 J. | 1226 | 32,3 | 279 | 226 | 18,3 | 15,1 | | |
| Verbl.B. 37 J. | 943 | 41,5 | 401 | 325 | 23,7 | 17,2 | | |
| Ges.B. 38 J. | 943 | 42 | 439 | 356 | 23,8 | 17,6 | | |
| GrPf. 38 J. | 197 | 7,1 | 69 | 56 | 21,4 | | | |
| Verbl.B. 38 J. | 746 | 34,9 | 370 | 300 | 24,4 | 17,8 | 33,6 | 32-38J. 18,7 |
| | | | | | | Ljz/ha 23-38J. (16J.) | | 20,2 |

Die beiden Versuchsflächen Fl. 3 und Fl. 4 haben unterschiedliche Ausgangslagen sowohl in der Stammzahl und im mittleren Durchmesser. Obwohl in der Fl. 4 bis zum Alter von 22 Jahren bereits zwei Eingriffe - gegenüber nur einem Eingriff in Fl. 3 - erfolgten, ist die Stammzahl im verbleibenden Bestand höher als in Fl. 3.

Der außerdem noch niedrigere mittl. Durchmesser der Fl. 4 ist auch auf die Dickungspflege, mit der vorrangigen Entnahme von Fichten mit Triebdeformationen aus dem vorherrschenden Bereich, zurückzuführen.

Diese Unterschiede, als auch der höhere Volumenzuwachs in der Fl. 3 für die Periode bis 31 Jahre, deuten auf eine anfängliche unterschiedliche Durchmesserstruktur zu Gunsten der AD hin (Abb. 1).

## 2.3.2 Durchmesserstruktur und Volumenzuwachs

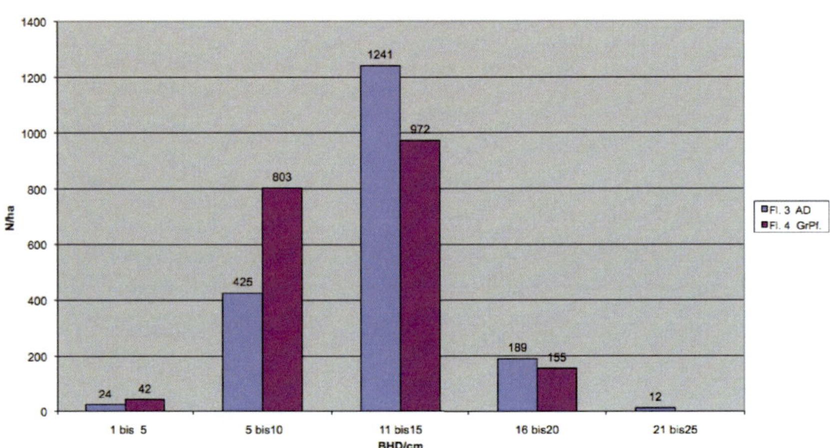


Abb. 1

Danach besitzt die Fl. 3 im Alter von 22 Jahren eine wesentliche Überausstattung im starken und mittleren Durchmesserbereich und eine niedrigere Ausstattung bei den schwachen Bäumen verglichen mit der Fl. 4.

Diese Stammzahlverteilung mit höheren Anteilen starker Fichten und höheren Vorräten je ha garantiert den höheren Volumenzuwachs der Auslesedurchforstung Fl. 3 bis zum Alter von 31 Jahren. Erst in der letzten Zuwachsperiode von 32 bis 38 Jahren erreichen die Zuwächse mit 18,7 ljz/ha/J. gleiche Werte.

Der Grund dafür liegt in einer Veränderung der Durchmesserstruktur zugunsten der GrPf Fl. 4 (Abb. 2) durch die in der Zwischenzeit erfolgten drei Eingriffe im Alter von 26, 31 und 38 Jahren.

Abb. 2

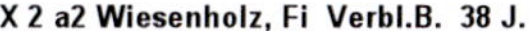


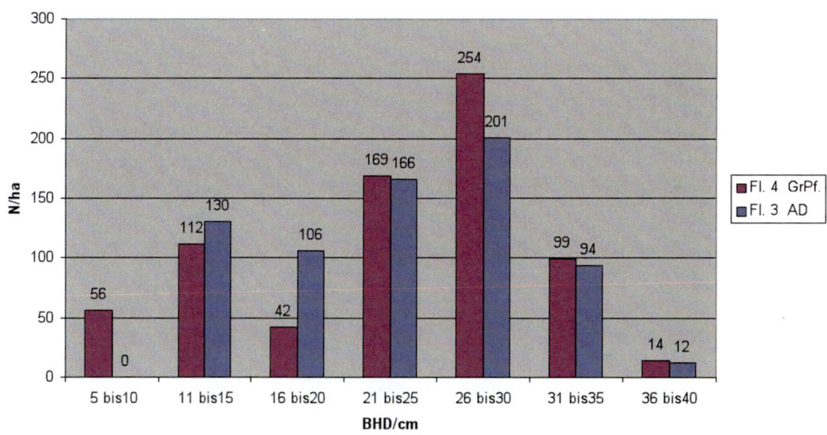


Nach dreimaligen Eingriffen hat sich die Durchmesserstruktur zugunsten der GrPf Fl. 4 in den starken Durchmesserbereich hinein verschoben. Für die kommende Entwicklung ist mit einem höheren Volumenzuwachs der GrPf zu rechnen.

Die horizontale Verteilung der GrAB in Fl. 4 wird in der folgenden Abb. 3 deutlich:

Abb. 3

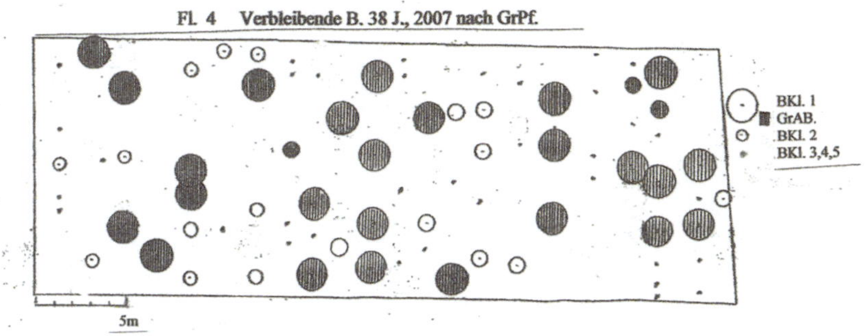

Neben der Verschiebung der Durchmesserstruktur in den starken Durchmesserbereich hinein, ist durch die GrPf außerdem eine ungleichmäßige horizontale Verteilung der GrAB erfolgt. Desweiteren deuten sich schon in diesem jungen Alter von 38 Jahren kleinere Lücken an, die eine früh einsetzende Verjüngung ermöglichen.

### 2.3.3 Durchmesserzuwachs

| Tab. 2<br>Durchmesserzuwachs (cm/J.) aller und der 100 stärksten Fi Auslesebäume je ha | | | | |
|---|---|---|---|---|
| | | | | |
| | Fl. 3 AD | | Fl. 4 GrPf. | |
| | AB/ha | AB/ha | GrAB/ha | GrAB/ha |
| | 307* | 100 | 437^ | 100 |
| 23 - 26 J. (4J.) | 0,94 | 1,07 | 0,95 | 1,13 |
| 27 - 31 J. (5J.) | 0,83 | 0,9 | 0,92 | 1,13 |
| 32 - 38 J. (7J,) | 0,73 | 0,82 | 0,61 | 0,8 |
| 23 - 38 J. (16J.) | 0,82 | 0,91 | 0,79 | 0,99 |
| | | | | |
| BHD 22J.(1991) | 15,1 | 16,3 | 14,9 | 17,1 |
| BHD 38J.(2007) | 28,2 | 30,9 | 27,6 | 32,9 |
| * ab 38 J. 260 AB/ha;<br>^ab 38 J. 394 GrAB/ha | | | | |
| | | | | |

Der Durchmesserzuwachs entspricht dem unterschiedlichen Vorgehen zwischen den beiden Pflegevarianten. Die GrPf fördert – da der Abstand keine Rolle spielt – wesentlich mehr Auslesebäume, so dass der mittlere Durchmesser niedriger und demzufolge auch der Durchmesserzuwachs geringer ausfällt. Dagegen ist infolge der Verschiebung der Durchmesserstruktur bei der GrPf in den starken Durchmesserbereich hinein die Dimension der 100 stärksten GrAB - und auch ihr Durchmesserzuwachs - höher.

## 2.4 XI 3 a3 Heiligkreuz Fl. 1 bis 9

Standort: Wuchsgebiet Tertiäres Hügelland 490 m NN, 780 mm Jahresniederschlag, 7,9° Jahresdurchschnittstemperatur, Wechsel zwischen mäßig frische bis frische kiesig lehmige Sande bis sandige Lehme, Fl. 5 u. 6 frischer Feinlehm, eben bis schwach nach O geneigt.

Bestand: Fi-Reinbestand aus Pflanzung 1 x 1 m mit eingeflogener Naturverjüngung. Die Versuchsreihe besteht aus 8 Pflegeflächen mit unterschiedlicher Dickungspflege und einer unbehandelten 0 – Fläche. Bei der Fläche 2, die als ZB-D mit 400 ZB begonnen worden ist, stellte sich schon beim nächsten Eingriff heraus, dass dies zu viele waren, so dass eine kontinuierliche Reduktion im Sinne einer AD vorgenommen worden ist. Sie wird aber weiterhin als ZB-D bezeichnet. Die Flächen 3, 4, 5 werden als GrPf - und die Flächen 6, 7, 8, 9 als AD behandelt.

Die bis jetzt durchgeführten Maßnahmen sind in Tab. 1 ersichtlich:

Versuchsziel: Vergleich GrPf zu AD u. ZBD

## 2.4.1 Pflegeeingriffe

| Tab. 1 | | |
|---|---|---|
| Fläche 1 | 1981 | 15 J. 0- Fläche , unbehandelt |
| | | |
| 2 | 1981 | 15 J.,Auskesselung von 400 Z-Bäumen im Radius von 2m |
| | 1990 | 24 J.,ZB-Df. mit 340 ZB/ha, Nzg.: 10 EFm.o.R./ha |
| | 1996 | 30 J., „ mit 238 ZB/ha, Nzg.: 24 EFm.o.R./ha |
| | 2002 | 36 J., „ mit 238 ZB/ha, Nzg.: 39 EFm.o.R./ha |
| | | |
| 3 | 1981 | 15 J., Dickungspflege,gleichmäßige Stammzahlred. auf 2000 N/ha, |
| | 1994 | 28 J., Gruppenpflege mit 444 Gr-AB/ha, Nzg.: 21 EFm.o.R./ha |
| | 2002 | 36 J., „ mit 388 Gr-AB/ha, Nzg.: 32 EFm.o.R./ha |
| | | |
| 4 | 1981 | 15 J., Dickungspflege,gleichmäßige Stammzahlred.auf 2500 N/ha |
| | 1994 | 28 J., Gruppenpflege mit 495 Gr-AB/ha, Nzg.: 19 EFm.o.R./ha |
| | 2002 | 36 J.; „ mit 416 Gr-Ab7ha, Nzg.: 38 Efm.o.R./ha |
| | | |
| 5 | 1981 | 15 J., Dickungspflege,gleichmäßige Stammzahlred.auf 3000 N/ha |
| | 1991 | 25 J., Gruppenpflege mit 542 Gr-AB/ha, Nzg.; 28 EFm.o.R./ha |
| | 1996 | 30 J., „ mit 542 Gr-AB/ha, Nzg.: 28 EFm.o.R./ha |
| | 2002 | 36 J., „ mit 374 Gr-AB/ha, Nzg.: 60 Efm.o.R./ha |
| | | |
| 6 | 1981 | 15 J., Dickungspflege, gleichmäßige Stammzahlred.auf 4000 N/ha |
| | 1984 | 18 J., Dickungspflege, gleichmäßige Stammzahlred.auf 3000 N/ha |
| | 1990 | 24 J., Auslesedfg. mit 249 AB/ha, Nzg.: 24 EFm.o.R./ha |
| | 1996 | 30 J., „ mit 249 AB/ha, Nzg.: 39 EFm.o.R./ha |
| | 2002 | 36 J., „ mit 249 AB/ha, Nzg.: 57 EFm.o.R./ha |
| | | |
| 7 | 1985 | 16 J., Dickungspflege,gleichmäßige Stammzahlred. auf 2500 N/ha |
| | 1994 | 25 J., Auslesedfg. mit 231 AB/ha, Nzg.: 18 EFm.o.R./ha |
| | 2002 | 33 J., „ mit 185 AB/ha, Nzg.: 46 EFm.o.R./ha |
| | | |
| 8 | 1985 | 16 J., Dickungspflege,gleichmäßige Stammzahlred. auf 2000 N/ha |
| | 1994 | 25 J., Auslesedfg. mit 250 AB/ha, Nzg.: 13 EFm.o.R./ha |
| | 2002 | 33 J., „ mit 229 AB/ha, Nzg.: 33 EFm.o.R./ha |
| | | |
| 9 | 1985 | 16 J., Dickungspflege, gleichmäßige Stammzahlred. auf 3500 N/ha |
| | 1994 | 25 J., Auslesedfg. mit 257 AB/ha, Nzg.: 36 EFm.o.R./ha |
| | 2002 | 33 J., „ mit 257 AB/ha, Nzg.: 32 EFm.o.R./ha |

In den Flächen 3, 4 und 7, 8, in denen eine starke Stammzahlreduktion 1981 bzw. 1985 auf 2000 -bzw. 2500 Stck./ha vorgenommen worden ist, konnte eine lange Pflegeruhe bis 1994 eingehalten werden. In der ZB-Variante Fl. 2 musste infolge wieder eingetretenen Dichtschlusses bereits schon 1990 ein erneuter Eingriff vorgenommen werden, so dass der anfängliche Kostenvorteil wieder aufgebraucht worden ist. In Fl. 6 wurde in einem kurz folgenden Eingriff die Stammzahl auf die 3000er Variante Fl. 5 abgesenkt. Die Fl. 9 ist eine kostengünstige Variante mit einer nur schwachen Auflockerung in der Dickung.

Zum Zwecke einer flächenmäßig gesicherten Aussage über die Auswirkungen einer Gruppenpflege zu einer Auslesedurchforstung werden in den folgenden Darstellungen die Flächen 3, 4, 5 und 6, 7, 8, in denen eine vergleichbare Dickungspflege vorgenommen worden ist, zusammengefasst.

## 2.4.2 Bestandsdaten

Tab. 2

| | Jahr | N/ha | G/ ha | dg | hg | do | ho | OH- | Vorrat DH/ha | |
|---|---|---|---|---|---|---|---|---|---|---|
| | | | qm | cm | m | cm | m | Bon. | Vfm. | Efm.o.R. |
| Fl. 1 0 - Fläche | | | | | | | | | | |
| Verbl.B. 15J. | 1981 | 10824 | | | | | | | - | - |
| " 19J. | 1985 | 9805 | 22,1 | 5,3 | 5,8 | 11,7 | 9,8 | 40 | 25 | 20 |
| " 28J. | 1994 | 5732 | 38,6 | 9,3 | 10,3 | 18,5 | 14,4 | 40 | 186 | 151 |
| " 35J. | 2001 | 4161 | 48,4 | 12,2 | 11,9 | 23,2 | 15,9 | 36 | 292 | 237 |
| " 40J. | 2006 | 3339 | 53,2 | 14,2 | 14,7 | 26 | 19,1 | 36 | 415 | 336 |
| Fl. 2 ZB-D | | | | | | | | | | |
| Verbl.B. 19J: | 1985 | | 16,5 | | | | | | 23 | 19 |
| aussch.B 24J. | 1990 | | 3,1 | | | | | | 12 | 10 |
| Verbl.B. 28J. | 1994 | 4805 | 31,2 | 9 | 10,1 | 18,6 | 14,4 | 40 | 158 | 128 |
| aussch.B 30J. | 1996 | 883 | 3,7 | 7,3 | 10,0 | 14,8 | 12,8 | | 29 | 24 |
| Verbl.B. 35J. | 2001 | 3005 | 37,9 | 12,7 | 12,2 | 23,8 | 16,1 | 36 | 259 | 210 |
| aussch.B 36J. | 2002 | 509 | 6,2 | 12,5 | | | | | 48 | 39 |
| Verbl.B. 40J. | 2006 | 2292 | 36,7 | 14,3 | 14,9 | 25,2 | 18,9 | 36 | 291 | 236 |
| Fl. 3,4,5 GrPf. | | | | | | | | | | |
| Verbl.B. 15J. | 1981 | 2510 | | | | | | | - | - |
| Verbl.B. 19J. | 1985 | 2504 | 11,7 | 7,7 | 6,4 | 11,8 | 8,3 | 40 | 25 | 20 |
| aussch.B 25-28J. | 1991/94 | 500 | 5 | 11,3 | 10,6 | | | | 28 | 23 |
| Verbl.B. 28J. | 1994 | 1977 | 23,2 | 12,2 | 12 | 19,5 | 14,2 | 40 | 142 | 115 |
| aussch.B 30J. | 1996 | 170 | 2,3 | 13,2 | 12,8 | | | | 15 | 12 |
| Verbl.B. 35J. | 2001 | 1736 | 34,4 | 15,9 | 13,5 | 25,4 | 17,1 | 38 | 266 | 215 |
| aussch.B 36J. | 2002 | 478 | 7,3 | 14,0 | 13,5 | | | | 56 | 45 |
| Verbl.B. 40J | 2006 | 1220 | 32,1 | 18,3 | 16,5 | 28,5 | 19,8 | 38 | 303 | 245 |
| Fl. 6,7,8 AD | | | | | | | | | | |
| Verbl.B. 16J. | 1985 | 2511 | 6,5 | 5,7 | 4,8 | 9 | 8 | 40 | 8 | 6 |

| | Jahr | N/ha | G/ ha | dg | hg | do | ho | OH- | Vorrat DH/ha | |
|---|---|---|---|---|---|---|---|---|---|---|
| | | | qm | cm | m | cm | m | Bon. | Vfm. | Efm.o.R. |
| aussch.B 21-25J. | 1990/94 | 395 | 4,7 | 12,3 | 9,7 | | | | 22 | 18 |
| Verbl.B. 25J. | 1994 | 2096 | 21,4 | 11,3 | 10,8 | 18,8 | 12,9 | 40 | 114 | 92 |
| aussch.B 27J. | 1996 | 125 | 1,7 | 13,2 | 12,8 | | | | 11 | 9 |
| Verbl.B. 32J. | 2001 | 1926 | 33,6 | 15,0 | 13,1 | 24,5 | 16,3 | 38 | 246 | 199 |
| aussch.B 33J. | 2002 | 499 | 7,9 | 14,2 | 13,9 | | | | 56 | 45 |
| Verbl.B. 37J. | 2006 | 1358 | 32,2 | 17,4 | 15,9 | 26,5 | 19,2 | 38 | 276 | 224 |
| Fl. 9 AD | | | | | | | | | | |
| Verbl.B. 16J. | 1985 | 3503 | 10,4 | 6,1 | 4,9 | | | | 9 | 7 |
| aussch.B 25J. | 1994 | 701 | 9,4 | 13,1 | 10,4 | | | | 44 | 36 |
| Verbl.B. 27J. | 1996 | 2802 | 25,4 | 10,7 | 10,5 | 17,9 | 13,1 | 40 | 124 | 100 |
| Verbl.B. 32J. | 2001 | 2802 | 37,5 | 13,1 | 14 | 22,7 | 15,8 | 38 | 235 | 191 |
| aussch.B 33J. | 2002 | 583 | 6 | 11,5 | 14,5 | | | | 39 | 32 |
| Verbl.B. 37J. | 2006 | 2008 | 36,2 | 15,2 | 15,1 | 25,5 | 19 | 38 | 307 | 249 |

### 2.4.3 Laufend jährlicher Volumenzuwachs DH je ha (ljz.v/ha)

Tab. 3

| | | 1986-94 | | 1995-06 | | 1986-06 | |
|---|---|---|---|---|---|---|---|
| | | Vfm. | Efm.o.R | Vfm. | Efm.o.R | Vfm. | Efm.o.R. |
| Fl.1 | 0-Fl. | 17,9 | 14,6 | 19 | 15,4 | 18,5 | 15 |
| Fl.2 | ZB-D | 16,3 | 13,2 | 17,5 | 14,2 | 17 | 13,8 |
| Fl.3,4,5 | GrPf | 16,1 | 13,1 | 19,3 | 15,6 | 18 | 14,5 |
| Fl.6,7,8 | AD | 14,2 | 11,6 | 19,1 | 15,5 | 17 | 13,8 |
| Fl.9 | AD | - | - | - | - | 18,1 | 14,7 |

In folgender Abb. 1 wird der jährliche Verlauf ljz.v/ha ersichtlich.

Abb. 1

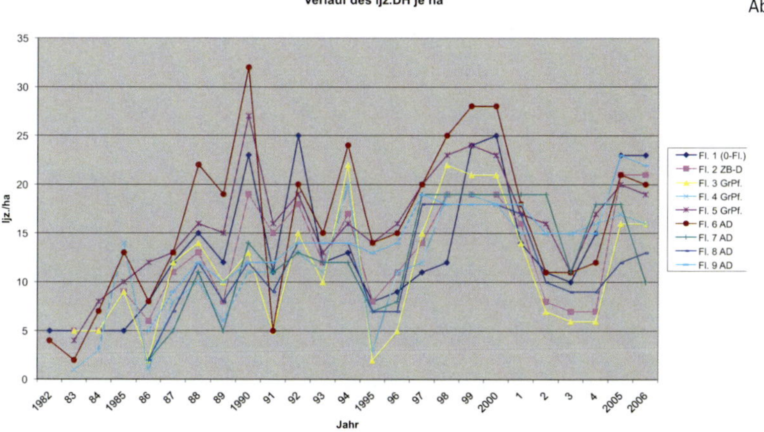

Die unterschiedlichen Varianten der Dickungspflege haben in der ersten Zuwachsperiode 1986-1994 gegenüber der unbehandelten 0 - Fläche keinen Zuwachsgewinn gebracht. Erst die weitere GrPf in den Flächen 3, 4, 5 und auch die AD in den Flächen 6, 7, 8 bewirkten einen Anstieg des Ijz.v in der zweiten Zuwachsperiode 1995-2006 auf Werte, die bereits gering über denen der 0-Fläche liegen.

Auffällig ist das schlechte Abschneiden der ZB-D gegenüber der GrPf und der AD in der zweiten Zuwachsperiode 1995 - 2006. Es ist weiterhin bemerkenswert, dass sich die drei dichtesten Flächen Fl. 1, 2 und 9 nach der Zuwachsdepression 2003 am kräftigsten erholt haben (Abb. 1).

In der gesamten Zuwachsperiode von 21 Jahren (1986-2006) liegt die 0-Fl. aber immer noch an erster Stelle, allerdings schon mit überholender Tendenz durch die GrPf. und die AD.

Die weitere Höhe der Volumenzuwächse wird sich zugunsten der Pflegevariante entwickeln, welche die Durchmesserstruktur zugunsten stärkerer Dimensionen verändern konnte.

Folgende Tab. 4 zeigt die erreichten Durchmesserstrukturen der einzelnen Pflegevarianten:

## 2.4.4 Vergleich der Durchmesserstruktur

| Tab. 4 | | | | | |
|---|---|---|---|---|---|
| Durchmesserverteilung Fi 2006 40 (37)J. | | | | | |
| | Fl.1 | Fl.2 | Fl.3,4,5 | Fl.6,7,8 | Fl.9 |
| BHD | 0-Fl. | ZB-D | GrPf | AD | AD |
| cm | N/ha | N/ha | N/ha | N/ha | N/ha |
| 0 bis 5 | | | | | |
| 6 bis 10 | 946 | 781 | 137 | 155 | 561 |
| 11 bis 15 | 1375 | 764 | 330 | 484 | 654 |
| 16 bis 20 | 768 | 543 | 341 | 424 | 560 |
| 21 bis 25 | 214 | 153 | 307 | 220 | 163 |
| 26 bis 30 | 18 | 51 | 82 | 60 | 70 |
| 31 bis 35 | 18 | | 17 | 10 | |
| 36 bis 40 | | | 6 | 5 | |
| Ges. | 3339 | 2292 | 1220 | 1358 | 2008 |

Nach Tab. 4 haben alle Pflegeflächen gegenüber der 0-Fl. einen Vorsprung im Durchmesserbereich von ab 26 cm erzielt.

Die geringste Anzahl verfügt die 0-Fl., dann folgt die ZB-D Fl. 2, die extensive AD Fl. 9 und die AD Fl. 6, 7, 8. Am deutlichsten ist die Verschiebung in die starken Durchmesser in der Gruppenpflege Fl. 3, 4, 5 erfolgt. Auf Grund dieser erzielten Durchmesserstruktur kann mit Sicherheit vorausgesagt werden, dass der Volumenzuwachs sich immer mehr zugunsten der GrPf entwickeln wird.

Folgende Abb. 2 verdeutlicht die erzielte unterschiedliche Durchmesserstruktur zwischen GrPf und AD mit vergleichbarer Dickungspflege.

Abb. 2

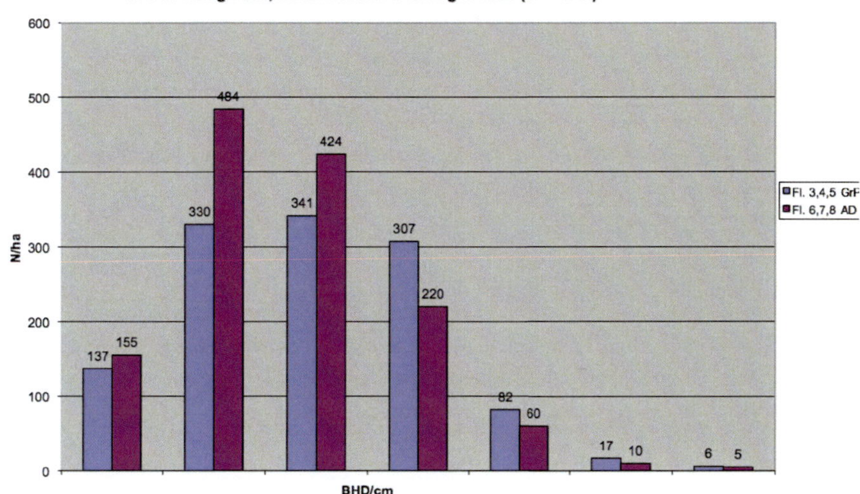


Die Durchmesserstruktur der GrPf weist bereits gegenüber der AD die typische Verteilung auf - mit einer Erhöhung der Stammzahl im starken und einer Reduktion im mittleren-Durchmesserbereich.

Die erzielte Stammzahlverteilung bei der GrPf ist Ausdruck einer vollen Ausnutzung des gesamten Standortpotentials. Für die künftige Entwicklung ist mit einem hohen Volumenzuwachs zu rechnen.

## 2.4.5 Durchmesserzuwachs

Tab. 5: Durchmesserzuwachs (id/cm)aller GrAB,AB und ZB

| | Fl. 1 | Fl. 1* | Fl. 2 | Fl.3,4,5 | Fl.3,4,5* | F.6,7,8 | Fl.9 |
|---|---|---|---|---|---|---|---|
| | GrAB/ha | GrAB/ha | ZB/ha | GrAB/ha | GrAB/ha | AB/ha | AB/ha |
| 1983/85 | 482 | 232 | 238 | 500° | 247^ | 240° | 257 |
| id/cm | 0,47 | 0,51 | 0,57 | 0,67 | 0,73 | 0,74 | 0,64 |
| 83/85-06 | 19-40J. | 19-40J. | 17-40J. | 17-40J. | 17-40J. | 17-37J. | 17-37J. |
| BHD/cm | 19,4 | 21,3 | 20,4 | 22,6 | 23,9 | 22,5 | 21,2 |
| 2006 | | | | | | | |

* reduziert auf die stärksten Bäume auf rd. der Anzahl der AD und ZB-D

° Fl.3,4,5 ab 2002 390 GrAB/ha, ^ ab 2002 219 GrAB/ha

° Fl.6,7,8 ab 2002 210 AB/ha

In Tab. 5 ist zur besseren Vergleichbarkeit der durchgeführten Pflegevarianten die hohe Anzahl der GrAB auf etwa derjenigen der AD bzw. ZB-D reduziert worden.

Danach staffelt sich der Durchmesserzuwachs der AB, ZB sowie der auf deren Anzahl angeglichenen GrAB nach der Stammzahldichte der Bestände (s. Tab. 2). Am niedrigsten liegt der dz in der unbehandelte Fl. 1 mit 0,51 cm, gefolgt von Fl. 2 mit 0,57 cm, Fl. 9 mit 0,64 cm, Fl. 3, 4, 5 mit 0,73 cm, Fl. 6, 7, 8 mit 0,74 cm.

Überraschend ist der niedrige Durchmesserzuwachs, der von Anfang an kräftig geförderten ZB in Fl. 2. Offensichtlich ist es so, dass der dz nicht nur vom Standraum um den Einzelbaum abhängt, sondern auch von den Zwischenteilen beeinflusst wird.

Hier haben die unbehandelten dicht belassenen Teile zwischen den ZB zu einer zumindest vorübergehenden Zuwachsminderung bei den ZB geführt.

Durch eine flächige Behandlung weist sogar die Fl. 3, 4, 5 für eine sehr hohe Anzahl von GrAB (anfänglich 500 - im A 40 J. 390 GrAB/ha) noch einen wesentlich höheren dz von +18% gegenüber der ZB-Durchforstung auf.

Dies zeigt wieder einmal mehr, dass im Walde eine Gesamtschau notwendig ist. Eine Betrachtung nur von losgelösten Einzelbäumen kann zu Fehlerwartungen führen.

Zur weiteren Vergleichbarkeit der Pflegevarianten ist in folgender Tab. 6 der Durchmesserzuwachs je Jahr der jeweils 100 stärksten GrAB, AB und ZB gegenübergestellt.

| Tab. 6<br>Durchmesserzuwachs (id/cm)<br>der 100 stärksten GrAB, AB und ZB je ha | | | | | |
|---|---|---|---|---|---|
| | Fl.1 | Fl.2 | Fl.3,4,5 | Fl.6,7,8 | Fl.9 |
| | 0-Fl. | ZB-D | GrPf | AD | AD |
| | | | | | |
| id/cm | 0,57 | 0,68 | 0,82 | 0,82 | 0,71 |
| 83/85-06 | 19-40J. | 17-40J. | 17-40J. | 17-37J. | 17-37J. |
| BHD/cm | 23,2 | 23,7 | 26,6 | 24,7 | 23,3 |
| 2006 | | | | | |

Die Rangfolge des dz ist die gleiche wie in Tab. 5 allerdings auf einem höherem Niveau. Die 100 stärksten GrAB der Fl. 3, 4, 5 leisten den gleichen dz wie die 100 stärksten AB der Fl. 6, 7, 8, gefolgt von der mäßigen AD Fl. 9, der ZBD Fl. 2 und der unbehandelten Fl. 1.

Folgende Abb. 3 zeigt den jährlichen Verlauf der Einzelflächen:

Abb. 3

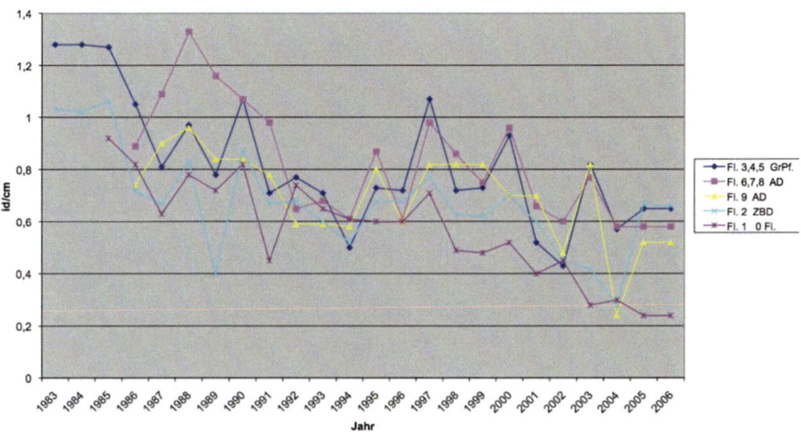


Insgesamt hat der Durchmesserzuwachs eine sinkende Tendenz. Im Trockenjahr 2003 reagierten nur die dichtesten Flächen, die 0-Fläche und die ZB-D-Fl. 2, mit einem weiteren Abfall. Der Anstieg auf den übrigen Pflegeflächen ist auf den Durchforstungseffekt, infolge der im Jahr 2002 durchgeführten Eingriffe, zurückzuführen.

Das Trockenjahr wirkt sich bei diesen erst ein Jahr später aus, besonders auch auf der relativ dichten Fl. 9. In den beiden Folgejahren verläuft der dz dann in den Pflegeflächen relativ eng beieinander, während die unbehandelte 0-Fläche weiter absinkt.

## 2.4.6 BHD in Abhängigkeit von der Kronenschirmfläche (KSF)

Im Jahre 1996 wurden in den Versuchsflächen 5 – 9 Kronenschirmflächen im Alter von 27 – 30 Jahren gemessen. Die folgende Abb. 4 gibt demnach die Beziehung zwischen BHD und Kronengröße von GrAB und AB, zum Zeitpunkt des Beginns einer gezielten Förderung, bei einer Bestandsmittelhöhe von über 10 m, wieder.

Abb. 4

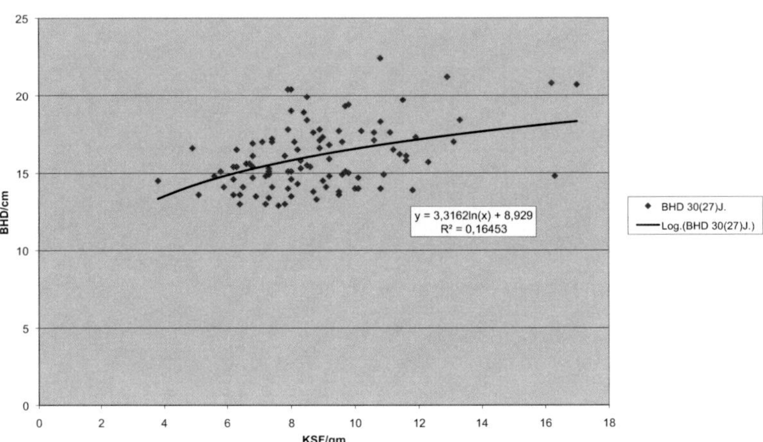


Wie zu erwarten war, steigt der BHD mit größer werdender Krone an und erreicht in den Pflegeflächen im Durchschnitt maximal rd. 18 cm bei einer KSF von 16 bis 17 qm d.s. Kronendurchmesser von rd. 4,5 – 4,7 m im Alter 27 – 30 Jahren.

Da der Kurvenanstieg des BHD mit größerer KSF flacher wird, profitieren vor allem schwächere Fichten von einer Kronenvergrößerung. So steigt z.B. der BHD bei einer Kronenerweiterung von 6 auf 8 qm, von 14,9 cm auf 15,8 cm. Das ist ein Durchmesserzuwachs von 0,9 cm. Dagegen steigt er bei einer Kronenerweiterung von 14 auf 16 qm, von 17,7 auf 18,1 cm. Dies entspricht demnach einem Durchmesserzuwach von lediglich 0,4 cm.

Es wird deutlich, dass man Zuwachs vergibt, wenn die Pflege sich nur auf eine begrenzte Anzahl starker Bäume beschränkt. Das gesamte Zuwachspotential wird dagegen voll ausgenutzt, wenn nicht nur starke sondern auch entwicklungsfähige, gut bekronte Bäume aus dem schwächeren Durchmesserbereich gefördert werden.

Die große Streuung um die Ausgleichskurve und die geringe Abhängigkeit von nur 16 % der Einzelwerte zwischen dem BHD und der Kronengröße weisen außerdem darauf hin, dass innerhalb dieser aufgezeigten Gesetzmäßigkeit auch den Individualunterschieden große Bedeutung für die Zuwachsentwicklung zukommt.

Da man aber die individuelle Potenz nicht voraussehen kann, braucht man eine Vielzahl von gut bekronten Bäumen, von denen man immer wieder die besten davon auswählen kann.

## 2.4.7 Jährlicher Durchmesserzuwachs für AB und Füllbestand in Abhängigkeit von der KSF

Da in neuerer Zeit Pflegekonzeptionen propagiert werden, bei denen lediglich 100 ZB je ha gefördert werden, die Zwischenteile aber unbehandelt bleiben, soll untersucht werden, mit welchen Zuwachsverlusten solche Sparmethoden verbunden sind.

In folgender Auswertung werden nur die Flächen mit einer Auslesedurchforstung Fl. 6-9 einbezogen, da nur bei ihnen unbehandelte Zwischenteile vorhanden sind.

Abb. 5

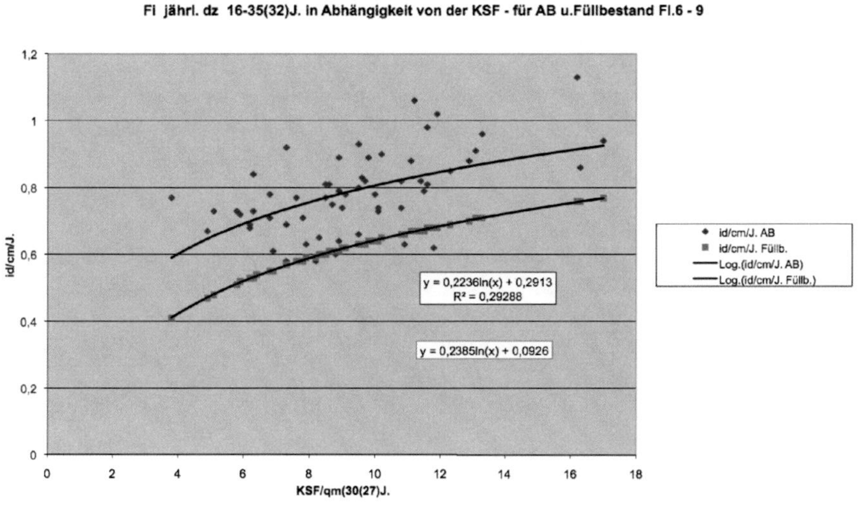

Fi jährl. dz 16-35(32)J. in Abhängigkeit von der KSF - für AB u.Füllbestand Fl.6 - 9

id/cm/J.

KSF/qm(30(27)J.

y = 0,2236ln(x) + 0,2913
$R^2$ = 0,29288

y = 0,2385ln(x) + 0,0926

id/cm/J. AB
id/cm/J. Füllb.
Log.(id/cm/J. AB)
Log.(id/cm/J. Füllb.)

In Abb. 5 ist für den Füllbestand lediglich die berechnete Ausgleichskurve dargestellt. Analog zur Entwicklung des BHD steigt auch der Durchmesserzuwachs mit größer werdender Krone, allerdings mit einem deutlichen Abstand zwischen den gezielt geförderten Auslesebäumen und den vergleichbaren Bäumen in den unbehandelten Zwischenfeldern.

Aus diesen Kurvenverläufen wurde zur Verdeutlichung nachfolgende Tab. 7 berechnet:

| Tab. 7 | | | |
|---|---|---|---|
| Fi jährl.dz in Abhängigk.von der KSF für AB und Füllbestand Fl. 6 - 9 | | | |
| | id/cm/J. 16 -35 (32)J. | | |
| KSF/qm | | | % |
| 30 (27)J. | AB | Füllbest. | AB/Füllb. |
| 5 | 0,65 | 0,48 | 135 |
| 7 | 0,73 | 0,56 | 130 |
| 9 | 0,78 | 0,62 | 126 |
| 11 | 0,83 | 0,66 | 126 |
| 13 | 0,86 | 0,7 | 123 |
| 15 | 0,9 | 0,74 | 122 |

Der Unterschied im Durchmesserzuwachs zwischen den Auslesebäumen und dem Füllbestand beträgt einheitlich für alle Kronengrößen 1,6 bis 1,7 mm/J. Dieser ist in Wirklichkeit noch größer, da der Füllbestand im gleichen Zeitraum geringere Kronengrößen ausbildet. Es wird deutlich, dass es lohnend ist, kleinkronige aber noch entwicklungsfähige Bäumen zu fördern, da in ihnen eine beträchtliche Zuwachspotenz enthalten ist. Dies findet auch seinen Ausdruck in ihrem höheren Prozentverhältnis im dz zwischen AB und Füllbestand.

Die Zuwachsverluste steigen mit dem Flächenanteil des unbehandelten Füllbestandes. Sie würden noch größer werden als in Tab. 7 ausgewiesen, wenn nicht wie in den hier zugrundeliegenden Versuchsflächen rd. 250 AB/ha ausgewählt würden, sondern nur 100 oder noch weniger AB/ha.

Die Ergebnisse bestätigen, dass man Zuwachsverluste einhandelt, wenn nur eine geringe Anzahl von 100 ZB oder noch weniger gefördert werden, und außerdem die Zwischenteile unbehandelt bleiben.

## 2.4.8 Horizontale Verteilung durch die Gruppenpflege

Folgende Abb. 6 zeigt am Beispiel der Fl. 3 und 4, die ungleichmäßige Stammzahlverteilung der GrAB sowie auch entstandene kleinere Lücken nach einer zweimaligen GrPf.

Wie weiterhin ersichtlich ist, erfolgte der Eingriff 2002 nach dem Prinzip der GrPf. hauptsächlich am Rande der Auslesegruppen, wobei auch in den Zwischenflächen eine gezielte Begünstigung von entwicklungsfähigen Bäumen niedrigerer sozialer Baumklassen vorgenommen worden ist. Außerdem fand durch diese ungleichmäßige Entnahme eine Erweiterung der vorhandenen kleinen Lücken statt.

Eine solche umfangreiche horizontale Struktur, mit einer so hohen Anzahl von Auslesebäumen (402 GrAB/ha) ist nur möglich, wenn man das Streben nach gleichmäßigen Abständen verlässt.

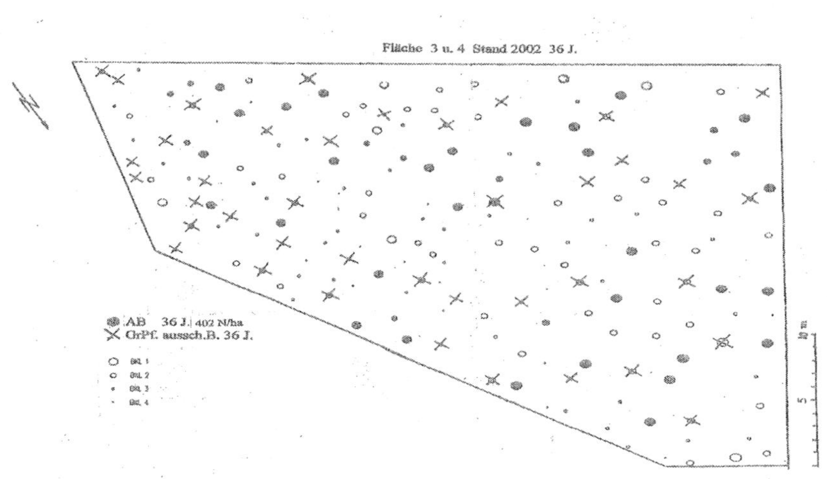


Abb. 6

Trotz der hohen Anzahl von GrAB ist eine gute Kronenausbildung gewährleistet. Das jetzige Kronenprozent der GrAB1 beträgt 49% - vergleichbare Bäume der 0-Fl. besitzen nur ein solches von 38%.

## 2.5 XI 3 a3 Heiligkreuz Fl. 10 – 13

Standort: Tertiäres Hügelland 490 m NN, 780 mm Jahresniederschlag, 7,9° Jahresdurchschnittstemperatur, mäßig wechselfeuchter Lehm, eben schwach nach N geneigt.

Bestand: Fl. 10 bis 12 Pflanzung Fi, Ergänzung von Fehlstellen mit Lä, Bu, Dgl., 1985 im Alter von 22 J. Anlage der Fl. 10 - 12 in einer bis dahin ungepflegten Fichtendickung, H: 5-7 m, Fl. 10: Fi mit ez. Lä, gleichmäßige Stammzahlreduktion auf 4000 N/ha, mit anschließender Gruppenpflege. Fl.11: Fi mit ez.Lä, gleichmäßige Stammzahlreduktion auf 2000 N/ha mit anschließender Auslesedurchforstung. Fl. 12: Fi mit zahlreichen Lä (Dgl, Lbh.) als unbehandelte 0-Fl.

Im Jahre 1991 erfolgte im angrenzenden Mischbestand in einem Alter von im Durchschnitt 29 Jahren, H: 10-19 m, die Anlage der Fl. 13: Fi (Ta, Lä, Bu, REi, StEi, Bi), Entstehung aus Vorausverjüngung von Ta, Bu, REi mit anschließender Pflanzung von Fi, SEi und Bi aus NV. Behandlung als Gruppenpflege.

Versuchsziel: Vergleich GrPf im Rein- und Mischbestand zu AD

## 2.5.1 Bestandsdaten

Für die Fläche 12 (0-Fl.) wird infolge eines hohen Lärchenanteils und der dadurch eingeschränkten Vergleichbarkeit keine Bestandsdaten erhoben. Hier erfolgt nur eine Auswertung des Durchmesserzuwachses der Fichte.

Tab. 1

Fl. 10 Gruppenpflege (GrPf ) in Fichte

| | Jahr | Alter | N/ha | G/ha | dg | hg | OH- | V/DH/ha | | jz.DH/ha | |
|---|---|---|---|---|---|---|---|---|---|---|---|
| | | J. | Stck. | qm | cm | m | Bon.* | VFm. | EFm.o.R. | VFm. | Efm.o.R. |
| | | | | | | | | | | | |
| Ges.B. | 1985 | 22 | 8057 | 28,9 | 6,8 | 6 | | 78 | 62 | | |
| Dickungspf. | 1985 | 22 | 4038 | 7,5 | 4,9 | | | 1,8 | 1,5 | | |
| Verb.B. | 1985 | 22 | 4019 | 21,4 | 8,2 | 7,7 | | 76 | 61 | | |
| Ges.B. | 1988 | 25 | 3939 | 28,5 | 9,6 | 9,3 | | 124 | 99 | 23 - 28 J. (6J.) | |
| Ges.B. | 1991 | 28 | 3820 | 36,7 | 11,1 | 11,5 | 38 | 207 | 166 | 21,8 | 17,5 |
| 1.GrPf | 1991 | 28 | 693 | 7,8 | 12 | | | 45 | 36 | | |
| Verb.B. | 1991 | 28 | 3127 | 28,9 | 10,9 | 11,3 | 38 | 162 | 130 | | |
| Ges.B. | 1995 | 32 | 2848 | 35,2 | 12,6 | 13,3 | 38 | 226 | 181 | | |
| 2.GrPf | 1996 | 33 | 487 | 5,8 | 12,3 | | | 57 | 46 | 29 - 35 J. (7J) | |
| Ges.B. | 1998 | 35 | 2292 | 35,5 | 14,1 | 15 | 38 | 280 | 224 | 25 | 20 |
| 3.GrPf | 2002 | 39 | 417 | 8,8 | 16,4 | | | 78 | 63 | 36 - 41 J. (6J.) | |
| Ges.B. | 2004 | 41 | 1390 | 36,3 | 18,2 | 17,1 | 38 | 352 | 284 | 25 | 20,5 |
| Ljz.DH/ha 23 - 41 J. (19) | | | | | | | | | | 24 | 19,4 |
| *OH-Bon. nach Assmann/Franz | | | | | | | | | | | |

Tab. 2

Fl. 11 Auslesedurchforstung (AD) in Fichte

| | Jahr | Alter | N/ha | G/ha | dg | hg | OH- | V/DH/ha | | ljz.DH/ha | |
|---|---|---|---|---|---|---|---|---|---|---|---|
| | | J. | Stck. | qm | cm | M | Bon.* | Vfm. | Efm.o.R. | Vfm. | Efm.o.R. |
| Ges.B. | 1985 | 22 | 5262 | 29,6 | 8,5 | 7,1 | | 107 | 86 | | |
| Dickungspf. | 1985 | 22 | 3093 | 10,4 | 6,5 | | | 14,4 | 11,5 | | |
| Verbl.B. | 1985 | 22 | 2169 | 19,2 | 10,6 | 9,9 | 40 | 92 | 74 | | |
| Ges.B. | 1988 | 25 | 2106 | 26,7 | 12,7 | 12 | 40 | 151 | 121 | 23 - 28 J. (6 J.) | |
| Ges.B. | 1991 | 28 | 2084 | 36,1 | 14,8 | 13,8 | 40 | 249 | 199 | 26,2 | 20,8 |
| Ges.B. | 1995 | 32 | 1954 | 42 | 16,6 | 15,2 | 40 | 320 | 256 | | |
| 1. GrPf | 1996 | 33 | 349 | 7,5 | 16,5 | | | 64 | 52 | 29 - 35 J. (7J.) | |
| Ges.B. | 1998 | 35 | 1577 | 40,2 | 18 | 16,1 | 38 | 386 | 307 | 28,7 | 22,9 |
| 2. GrPf | 2002 | 39 | 224 | 7,5 | 20,7 | | | 79 | 64 | 36 - 41 J. (6 J.) | |
| Ges.B. | 2004 | 41 | 1166 | 41,3 | 21,2 | 18,1 | 38 | 443 | 353 | 22,7 | 18,3 |
| ljz.DH/ha 23 - 41J.(19 J.) | | | | | | | | | | 26 | 20,8 |
| * OH-Bon. Nach Assmann/Franz | | | | | | | | | | | |

Tab. 3
Fl. 13 Gruppenpflege (GrPf ) im Mischbestand

| ausscheidender Bestand GrPf 1991 | | | | | | | | | | |
|---|---|---|---|---|---|---|---|---|---|---|
| | Fi | Ta | Lä | Bu | REi | St.Ei | Bi | Ndh. | Lbh. | **Ges.** |
| Alter/Jahre | 28 | 39 | 24 | 39 | 39 | 28 | 30 | | | **29** |
| N/ha | 150 | | 13 | 3 | 7 | | | 163 | 10 | **173** |
| dg/cm | 18,6 | | 22,8 | 21 | 23,5 | | | | | |
| VFm./ha | 41 | | 5 | 1 | 3 | | | 46 | 4 | **50** |
| Efm.o.R./ha | 33 | | 4 | 1 | 3 | | | 37 | 4 | **41** |
| | | | | | | | | | | |
| dazu Rückeg.: | | | | | | | | | | |
| VFm./ha | | | | | | | | | | **20** |
| Efm.o.R./ha | | | | | | | | | | **16** |

| Gesamtbestand 1992 | | | | | | | | | | |
|---|---|---|---|---|---|---|---|---|---|---|
| | Fi | Ta | Lä | Bu | REi | StEi | Bi | Ndh. | Lbh. | Ges. |
| Alter/Jahre | 29 | 40 | 25 | 40 | 40 | 29 | 31 | | | **30** |
| N/ha | 1107 | 104 | 88 | 362 | 49 | 118 | 7 | 1299 | 536 | **1835** |
| Ekl. | 40 | I,0 | I,0 | II,5 | I,0 | I,0 | | | | |
| dg/cm | 15 | 14,5 | 23,3 | 9,1 | 22,9 | 14,7 | 15,1 | | | |
| hg/m | 14,1 | 15,5 | 18,8 | 10,5 | 19,7 | 15,9 | - | | | |
| G/ha/qm | 19,5 | 1,7 | 4,1 | 2,4 | 4,1* | | 0,1 | 25,3 | 6,6 | **31,9** |
| BG | 0,62 | 0,04 | 0,18 | 0,1 | 0,27* | | 0,01 | 0,84 | 0,38 | **1,22** |
| VFm./ha | 143 | 17 | 30 | 10 | 36* | | 1 | 190 | 46 | **236** |
| Efm.o.R./ha | 116 | 14 | 21 | 8 | 29* | | 1 | 151 | 38 | **189** |
| *REi + StEi | | | | | | | | | | |

| ausscheidender Bestand - GrPf 1996 | | | | | | | | | | |
|---|---|---|---|---|---|---|---|---|---|---|
| | Fi | Ta | Lä | Bu | REi | StEi | Bi | Ndh. | Lbh. | **Ges.** |
| N/ha | 137 | | 20 | 16 | 29* | | | 157 | 45 | **202** |
| G/ha/qm | 3,8 | | 1,2 | 0,2 | 1,2* | | | 5 | 1,4 | **6,4** |
| dg/cm | 18,8 | | 27,8 | 13,6 | 23,2* | | | | | |
| hg/m | 16,5 | | 20,1 | 16 | 19,8* | | | | | |
| VFm/ha | 38 | | 13 | 2 | 12* | | | 51 | 14 | **65** |
| EFm.o.R./ha | 31 | | 9 | 1 | 10* | | | 40 | 11 | **51** |
| * REi + StEi | | | | | | | | | | |

| Gesamtbestand 1998 | | | | | | | | | | |
|---|---|---|---|---|---|---|---|---|---|---|
| | Fi | Ta | Lä | Bu | REi | StEi | Bi | Ndh. | Lbh. | **Ges.** |
| Alter/Jahre | 35 | 46 | 31 | 46 | 46 | 35 | 37 | | | **36** |
| N/ha | 826 | 91 | 62 | 281 | | 108* | 7 | 979 | 396 | **1375** |
| G/ha/qm | 21 | 2,4 | 3,1 | 2,9 | 1,5 | 1,3 | 0,2 | 26,5 | 5,9 | **32,4** |
| dg/cm | 18 | 18,1 | 27,5 | 11,8 | 25,7 | 16,8 | 16,6 | | | |
| VFm/ha | 203 | 21 | 32 | 17 | 16 | 10 | 1 | 256 | 44 | **300** |
| Efm.o.R./ha | 165 | 17 | 23 | 15 | 13 | 8 | 1 | 205 | 37 | **242** |
| BG | 0,69 | 0,07 | 0,19 | 0,1 | 0,13 | 0,1 | | 0,95 | 0,33 | **1,28** |
| Fl.- ant. % | 54 | 5 | 15 | 8 | 10 | 8 | | 74 | 26 | **100** |
| * REi + StEi | | | | | | | | | | |

| ausscheidender Bestand – GrPf 2001 | | | | | | | | | | |
|---|---|---|---|---|---|---|---|---|---|---|
| | Fi | Ta | Lä | Bu | REi | StEi | Bi | Ndh. | Lbh. | **Ges.** |
| Alter/Jahre | 38 | 49 | 34 | 49 | 49 | 38 | 40 | | | **39** |
| N/ha | 134 | | 10 | 23 | 42* | | 4 | 144 | 69 | **213** |
| G/ha/qm | 4,2 | | 0,5 | 0,5 | 2,1* | | | 4,7 | 2,6 | **7,3** |
| dg/cm | 20 | | 25,9 | 17,2 | 24,9* | | | | | |
| VFm/ha | 44 | | 5 | 5 | 21* | | | 49 | 26 | **75** |
| Efm.o.R./ha | 36 | | 4 | 4 | 17* | | | 40 | 21 | **61** |
| * REi + StEi | | | | | | | | | | |

| Gesamtbestand 2004 | | | | | | | | | | |
|---|---|---|---|---|---|---|---|---|---|---|
| | Fi | Ta | Lä | Bu | Rei | StEi | Bi | Ndh. | Lbh. | **Ges.** |
| Alter/Jahre | 41 | 52 | 37 | 52 | 52 | 41 | 43 | | | **42** |
| N/ha | 633 | 88 | 52 | 238 | 20 | 29 | 3 | 773 | 290 | **1063** |
| G/ha | 22,2 | 3,9 | 3,8 | 3,2 | 1,4 | 0,8 | 0,1 | 29,9 | 5,5 | **35,4** |
| dg/cm | 21,1 | 22 | 30,3 | 13,1 | 29,5 | 18,8 | 23,7 | | | |
| VFm/ha | 242 | 40 | 42 | 22 | 16 | 7 | 1 | 324 | 46 | **370** |
| Efm.o.R./ha | 196 | 33 | 30 | 18 | 13 | 6 | 1 | 259 | 38 | **297** |
| BG | 0,64 | 0,12 | 0,17 | 0,1 | 0,09 | 0,05 | 0,01 | 0,93 | 0,25 | **1,18** |
| Fl.ant. % | 54 | 10 | 14 | 9 | 8 | 4 | 1 | 78 | 22 | **100** |

Die Vorräte liegen in den Flächen 10, 11, 13 im Alter von 41/42 Jahren zwischen 284 und 353 Efm.o.R. je ha. Die weitere Entwicklung sollte so gesteuert werden, dass einerseits der Umbau zum Dauerwald gewährleistet wird, andererseits aber dieser Umbau auch ohne Zuwachsverluste erfolgen soll.

Auf keinen Fall sollte der Vorrat auf die hohen Werte des Altersklassenwaldes ansteigen. Da über die notwendige Vorratsentwicklung für die Phase des Umbaus keine standortabhängigen Werte, weder für Fichtenreinbestände noch für Mischbestände vorliegen, wird in Anlehnung an Plenterwälder gutachtlich ein solcher von 350 – 400 Efm.o.R./ha, ab dem Alter von 50 Jahren angestrebt.

Das optimale Verhältnis zwischen Vorrat nach Masse, Wert und Struktur mit hohem Zuwachs und permanenter Verjüngung, muss bei jedem Pflegeeingriff neu überprüft werden.

Allerdings ist ein niedrigerer Vorrat gegenüber Altersklassenwälder nur dann gerechtfertigt, wenn damit verbunden eine früh einsetzende Verjüngung einhergeht. Beim Ausbleiben einer standortsgemäßen Naturverjüngung muss eine künstliche Verjüngung erfolgen.

Eine früh einsetzende Verjüngung ist ein wichtiges Element der Gruppenpflege zum Umbau von Altersklassenwälder in Dauerwald.

### 2.5.2 Pflegeeingriffe

Tab. 4: Pflegeeingriffe und Nutzungsanfall (Efm.o.R./ha)

| Jahr | Alter/J. | Fl.10 GrPf | Fl.11 AD | Fl.13 (Mb) GrPf. |
|---|---|---|---|---|
| 1985 | 22 | 2 | 12 | - |
| 1991 | 28 | 36 | - | 57* |
| 1996 | 33 | 46 | 52 | 51° |
| 2001 | 39 | - | - | 61 |
| 2002 | 39 | 63 | 64 | - |
| | | | | |
| Ges. | | 147 | 128 | 169 |
| * .29 J. | ° 34 J. | | | |

Während in der Fl. 10 mit einer schwachen Stammzahlreduktion in der Dickung auf 4000 Stck./ha ein erneuter Pflegeeingriff nach 6 Jahren notwendig wurde, war dies in der Fl. 11 nach einer stark vorgenommenen Dickungspflege auf 2000 Stck./ha erst nach 11 Jahren der Fall. Die Mischbestandsversuchsfläche 13 wurde erst spät mit 29 Jahren, gleich beginnend mit einer Gruppenpflege, angelegt.

Der künftige Pflegeturnus wird sich zwischen 5–10 Jahren mit steigender Eingriffsstärke bewegen. Ausschlaggebend dafür ist die weitere Bestandsentwicklung im Sinne der Zielstellung - einen optimalen Vorrat nach Masse, Wert und Struktur - bei hohem Zuwachs und einer frühzeitigen Verjüngung - zu erzielen.

### 2.5.3 Horizontale Verteilung der GrAB in Fl. 10

Abb. 1

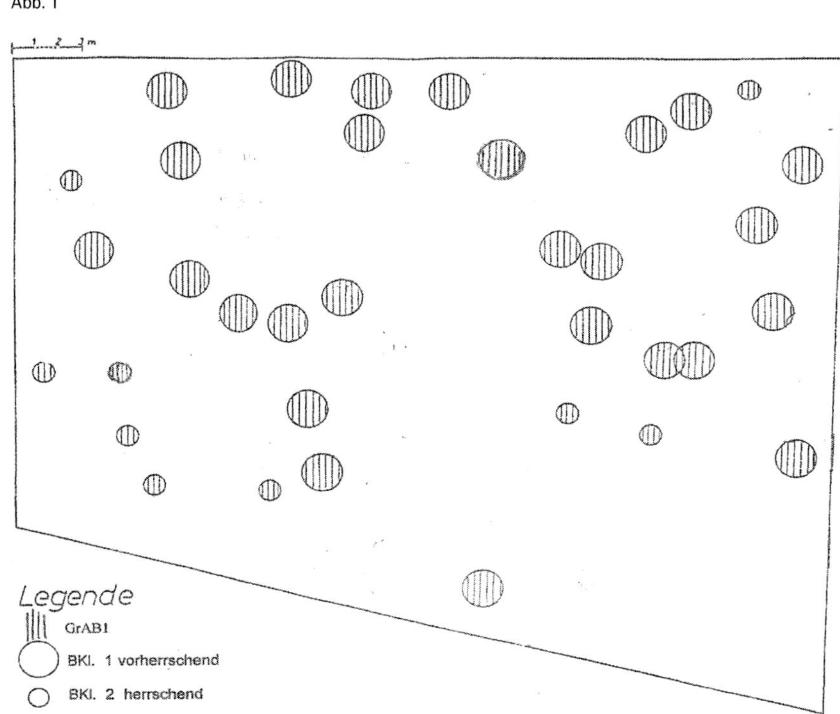


Fl. 10 Stammzahlverteilung der GrAB im Alter von 41 J. (348 GrAB/ha)

Nach dreimaliger GrPf weist die Fl. 10 eine völlig ungleichmäßige Verteilung der GrAB1 im Alter von 41 Jahren auf. Die Anzahl beträgt insgesamt 348 N/ha, davon 298 Fi und 50 Lä.

In den Zwischenteilen wurden außerdem 109 entwicklungsfähige Fi/ha aus niedrigeren sozialen Baumklassen als GrAB2 gefunden, welche sich sicher noch im Laufe der Entwicklung aus dem zahlreich vorhandenen Nebenbestand vergrößern wird.

Trotz des hohen Anteils an GrAB und der hohen Bestandsdichte haben alle GrAB genügend Standraum, um gute Kronen auszubilden. Eine solch hohe Anzahl von GrAB1, dazu noch GrAB2 und außerdem noch Lücken für eine frühe Naturverjüngung, ist nur möglich bei einer ungleichmäßigen Stammzahlverteilung, wenn man die Zwangsjacke nach gleichmassigen Strukturen ablegt.

Dies zeigt deutlich, dass eine Reduktion auf 100 und noch weniger Auslesebäume je ha eine Vergeudung von Standortpotential bedeuten würde.

### 2.5.4 Volumenzuwachs

| Tab. 5: laufend jährlicher Volumenzuwachs DH je ha (ljz.DH/ha) | | | | | | |
|---|---|---|---|---|---|---|
| | Fl.10 | | Fl. 11 | | Fl.13 (Mb) | |
| | GrPf | | AD | | GrPf | |
| | Vfm | Efm.o.R. | Vfm. | Efm.o.R. | Vfm. | Efm.o.R. |
| 1986 - 1991 (6J.) | 21,8 | 17,5 | 26,2 | 20,8 | - | - |
| 1992 - 1998 (7J.) | 25 | 20 | 28,7 | 22,9 | 21,5* | 17,3* |
| 1999 - 2004 (6J.) | 25 | 20,5 | 22,7 | 18,3 | 24,2 | 19,3 |
| 1986 - 2004 (19J.) | 24 | 19,4 | 26 | 20,8 | - | - |
| 1992 - 2004 (13J.) | 25 | 20,2 | 26 | 20,8 | 22,9° | 18,3° |
| * Fl.13 1993 - 1998 (6J.); ° 1993 - 2004 (12J.) | | | | | | |

Sowohl in der ersten als auch in der zweiten Zuwachsperiode leistet die AD den höchsten Volumenzuwachs. Sicher ist dies das Resultat der unterschiedlichen Dickungspflege.Aber bereits in der dritten Periode übertrifft der Volumenzuwachs der GrPf im Reinbestand Fl. 10 und auch derjenige der GrPf im Mischbestand Fl. 13, den der AD Fl. 11.

Der geringere Zuwachs der GrPf im Fi-Mischbestand gegenüber der GrPf. im Fi-Reinbestand ist wahrscheinlich im Mischungsgrad begründet, mit einem relativ hohen Anteil von Lä, Bu, REi, StEi, Bi, die einen geringeren Zuwachs als die Fi aufweisen.

Es ist aber bemerkenswert, dass der Mischbestand trotzdem die Fi-AD überholt. Auch dies kann als Beweis für die Überlegenheit der GrPf gelten.

### 2.5.5 Anzahl von GrAB und AB

Tab. 6 zeigt die Anzahl der GrAB und AB im Alter von 41 (42) Jahren:

Tab. 6

| | | | | | Sa. | | | | Sa. | |
|---|---|---|---|---|---|---|---|---|---|---|
| | | Fi | Lä | Ta | Ndh. | Bu | REi | StEi | Lbh. | Ges. |
| | | N/ha | N/ha | N/ha | N/ha | N/ha | N/ha | N/ha | N/ha | N/ha |
| Fl.10 | GrAB | 298 | 50 | - | 348 | - | - | - | - | 348 |
| Fl.11 | AB | 188 | 27 | - | 215 | - | - | - | - | 215 |
| Fl.12* | GrAB | 262 | 81 | 20 | 363 | - | - | - | - | 363 |
| Fl.13 | GrAB | 101 | 26 | 23 | 150 | 10 | 16 | 3 | 29 | 179 |
| * 0 - Fl. | | | | | | | | | | |

Grundsätzlich weist die GrPf unter gleichen Bedingungen wesentlich mehr Auslesebäume auf als die AD. Der relativ niedrige Anteil an GrAB in Fl. 13 ist auf die größeren Kronen und den höheren Standraumbedarf der Mischbaumarten, vor allem der Bu und REi, zurückzuführen.

### 2.5.6 Durchmesserzuwachs Fichte GrAB u. AB

Tab. 7
Durchmesserzuwachs (cm/J.) aller - und der 100 stärksten Fi GrAB u. AB je ha

| | Fl. 10 (GrPf ) | | Fl. 11 (AD) | | Fl. 12 (0-Fl.) | | Fl. 13 (GrPf ) | |
|---|---|---|---|---|---|---|---|---|
| Alter/J. | GrAB/ha | GrAB/ha | AB/ha | AB/ha | GrAB/ha | GrAB/ha | GrAB/ha | GrAB/ha |
| | 427* | 100 | 206* | 100 | 262 | 101 | 160* | 101 |
| 23-41 (19J.) | 0,72 | 0,9 | 0,76 | 0,86 | 0,57 | 0,52 | | |
| 30-41 (12J.) | | 0,9 | | 0,74 | | 0,41 | | 0,76 |
| BHD/cm | 25 | 27,8 | 27,9 | 30,9 | 22,9 | 23,7 | | 30,8 |
| 41 J. | | | | | | | | |

* Fl. 10 ab 40J.298 GrAB/ha: Fl. 11 ab 40 J. 188 AB/ha; Fl.13 ab 37 J. 101 GrAB/ha

Trotz der wesentlich höheren Anzahl an GrAB/ha in der Fl. 10 gegenüber den AB in Fl. 11 liegt der Durchmesserzuwachs während der Beobachtungszeit von 23 – 41 Jahren mit 0,72 zu 0,76 cm nur gering darunter. Die 100 stärksten Fichten je ha liegen sogar etwas über denen der Fl. 11. Die 0–Fläche fällt mit 0,57 cm/J. bzw. 0,52 cm/J. stark ab.

Da die Fl. 13 erst später angelegt worden ist, erfolgt in Tab. 7 auch eine Gegenüberstellung ab dem Alter von 30 Jahren mit den 100 stärksten GrAB/ha bzw. AB der Flächen 10 bis 12. Auffällig ist, dass die AD (Fl. 11) in der Zuwachsperiode von 30 bis 41 Jahren den niedrigsten Durchmesserzuwachs gegenüber den Flächen mit GrPf (Fl. 10 u. 13) aufweist.

Folgende Abb. 2 zeigt den jährlichen Verlauf des dz der 100 stärksten GrAB und AB/ha

Abb. 2

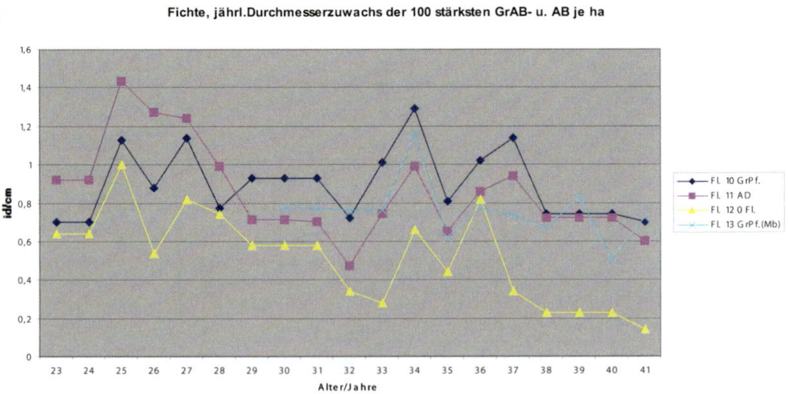

Fichte, jährl.Durchmesserzuwachs der 100 stärksten GrAB- u. AB je ha

id/cm

Alter/Jahre

Fl. 10 GrPf.
Fl. 11 AD
Fl. 12 0 Fl.
Fl. 13 GrPf.(Mb)

Bis zum Alter von 28 Jahren hat die Auslesedurchforstung Fl.11 den höchsten Durchmesserzuwachs. Hier wirkt sich die starke Stammzahlreduktion auf rd. 2000 Stck/ha durch die Dickungspflege positiv aus. Mit dem erneuten Eingriff in der GrPf Fl. 10 mit 28 Jahren übernimmt dann diese die Führung während der gesamten Beobachtungperiode, wobei sich aber alle drei Pflegeflächen immer mehr annähern.

Insgesamt sinkt der jährliche Durchmesserzuwachs mit zunehmenden Alter - bei den Pflegeflächen auf Werte im Alter von 41 J. von 6 bis etwas über 7 mm - am stärksten bei der 0-Fl. auf einen Wert von unter 2 mm.

Beim linearen Verlauf der Zuwächse in Fl. 10, 11, 12 (38 bis 40 J.) handelt es sich um Mittelwerte aus Kluppungen lediglich im Alter 37 und 40 Jahren. Die jährlichen Schwankungen kommen demnach nicht zum Ausdruck.

## 2.5.7 Durchmesserzuwachs aller GrAB u. AB im Mischbestand Fl. 13

Da beim Streben nach Mischbeständen die Frage interessant ist, wie sich der Durchmesserzuwachs verschiedener Baumarten verhält, wird hier eine Analyse der GrAB aller Mischbäume in Fl. 13 vorgenommen:

Tab. 8
Durchmesserzuwachs aller GrAB

| | Fi | Ta | Lä | REi | Bu | StEi | Bu |
|---|---|---|---|---|---|---|---|
| | | | | | | | GrAB 2 |
| GrAB1/ha | 101 | 23 | 26 | 16 | 10 | 3 | 3 |
| cm/J. | 0,76 | 1 | 0,55 | 0,82 | 0,69 | 0,52 | 0,59 |
| (1993-2004) | | | | | | | |

Neben den absoluten Zuwachswerten ist der jährliche Verlauf für die Entwicklung von Mischbeständen von Interesse.

Abb. 3

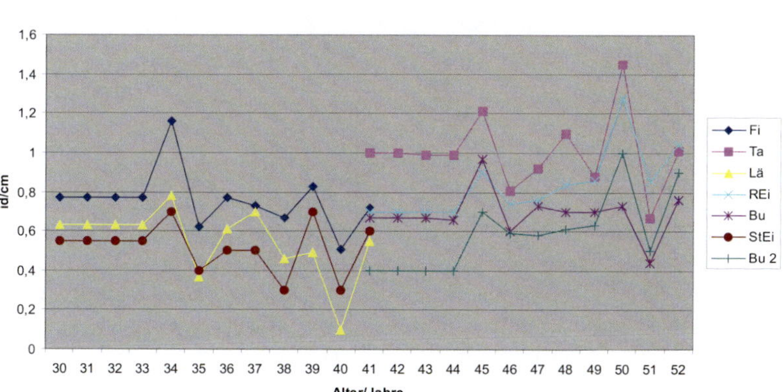

In den Zeiträumen 30 bis 33 - und 41 bis 44 Jahre handelt es sich auch wieder um Mittelwerte ohne jährliche Schwankungen.

Der höchste Durchmesserzuwachs wird von der Ta und REi geleistet, gefolgt von Fi, Bu, Bu GrAB2, Lä, StEi. Für die Mischwuchsregulierung ist weiterhin der Verlauf des Zuwachses von Bedeutung. So weist die Fi,Lä,StEi schon im jungen Alter einen Abwärtstrend auf - der Durchmesserzuwachs der Ta und Bu hält sich in etwa auf gleicher Höhe - die REi und GrAB 2 der Buche haben dagegen eine steigende Tendenz.

Bemerkenswert ist der Anstieg der Bu GrAB2 sogar über die Werte der herrschenden Bu GrAB. Dies zeigt, dass es sinnvoll ist, auch zurückgebliebene Buchen zu fördern.

Aus den unterschiedlichen Zuwachsverläufen wird deutlich, wie problematisch eine Einzelmischung sein kann. Um die Konkurrenzsituationen zu entschärfen und den Pflegeaufwand zu minimieren, wird nicht ohne Grund, je nach der möglichen Dauer einer Schirmwirkung, eine trupp- bis gruppenweise Mischung angestrebt.

## 2.5.8 Durchmesserzuwachs von Fi GrAB Fl. 13 in Abhängigkeit vom Kronendurchmesser

Abb. 4

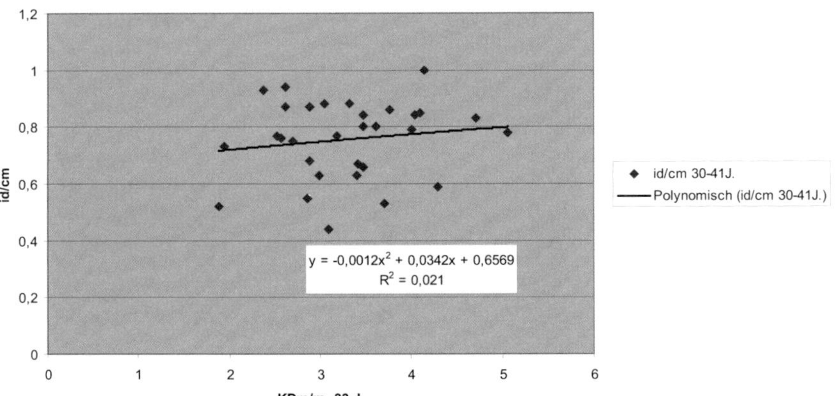


Nach Abb. 4 hat im vorliegenden Bestand der Kronendurchmesser bei der Fi-mit einer großen Streuung- nur einen geringen Einfluss auf den Durchmesserzuwachs. Dies zeigt wieder einmal, dass es zweckmäßig ist, auch entwicklungsfähige kleinkronige Auslesebäume auszusuchen und zu fördern.

Einen wesentlich stärkeren Einfluss auf den Zuwachs haben individuelle Eigenschaften. Es ist daher wichtig, mit Reserven in der Anzahl von Auslesebäumen zu arbeiten,um immer wieder die zuwachskräftigsten und besten auszuwählen.

**Eine naturgemäße Pflege ist eben ein dynamischer und kein statischer Prozess.**

## 2.6 XII 6 a3 Tirolerschlag Fl. 5, 6

Standort: Wuchsgebiet Tertiäres Hügelland 490 m NN, 780 mm Jahresniederschlag, 7,8° Jahresdurchschnittstemperatur, frischer sandiger Lehm.

Bestand: Dickungspflege 1987 im Alter von 18 Jahren, in sehr dichter Ausgangslage aus Pflanzung und Naturverjüngung. Entnahme erkennbarer Triebverkrümmungen ohne Abstandsregelung. daher leichte ungleichmäßige Stellung nach dem Eingriff. Die Fl. 5 wurde weiter als GrPf und die Fl. 6 als AD behandelt.

Versuchsziel: Vergleich GrPfl zu AD

### 2.6.1 Bestandsdaten

Tab. 1

| Fl. 5 Gruppenpflege (GrPf) Fi | | | | | | | | | | | | |
|---|---|---|---|---|---|---|---|---|---|---|---|---|
| | Jahr | Alter | N/ha | G/ha | BG | dg | hg | Do | ho | OH- | | V/DH/ha |
| | | J. | Stck. | qm | | cm | m | Cm | m | Bon. | Vfm | Efm.o.R. |
| Verbl.B. (nach Dickungspflege) | | | | | | | | | | | | |
| | 1987 | 18 | 2657 | | | | | | | | | |
| GrPf. | 1993 | 24 | 550 | | | 9,9 | 9,2 | | | | 20 | 16 |
| Ges.B. | 1995 | 26 | 2137 | 24,8 | 0,85 | 12 | 11,5 | 19,7 | 14,4 | 40 | 150 | 122 |
| GrPf. | 1998 | 29 | 274 | 4,5 | | 14,7 | | | | | 47 | 37 |
| Ges.B. | 2000 | 31 | 1838 | 31,7 | 0,95 | 14,8 | 14,5 | 24,4 | 16,7 | 40 | 260 | 210 |
| GrPf. | 2002 | 33 | 399 | 7,3 | | 15,3 | | | | | 62 | 51 |
| GrPf. | 2006 | 37 | 299 | 6,9 | | 17,2 | | | | | 66 | 53 |
| Ges.B. | 2007 | 38 | 832 | 28,9 | 0,75 | 21 | 19,6 | 30,6 | 20 | 40 | 315 | 255 |

Tab. 2

| Fl. 6 Auslesedurchforstung (AD) Fi | | | | | | | | | | | | |
|---|---|---|---|---|---|---|---|---|---|---|---|---|
| | Jahr | Alter | N/ha | G/ha | BG | dg | hg | Do | ho | OH- | | V/DH/ha |
| | | J. | Stck. | qm | | cm | m | Cm | m | Bon. | Vfm | Efm.o.R. |
| Verb.B. (nach Dickungspflege) | | | | | | | | | | | | |
| | 1987 | 18 | 2874 | | | | | | | | | |
| AD | 1993 | 24 | 487 | | | 10,4 | 9,5 | | | | 21 | 17 |
| Ges.B. | 1995 | 26 | 2377 | 25,9 | 0,89 | 11,8 | 10,5 | 20,9 | 14,8 | 40 | 158 | 128 |
| AD | 1998 | 29 | 203 | 4 | | 15,8 | | | | | 35 | 28 |
| Ges.B. | 2000 | 31 | 2032 | 34,4 | 1,04 | 14,7 | 14,5 | 26,6 | 17,5 | 40 | 281 | 228 |
| AD | 2002 | 33 | 345 | 7,4 | | 16,5 | | | | | 67 | 54 |
| AD | 2006 | 37 | 315 | 7,7 | | 17,7 | | | | | 67 | 54 |
| Ges.B. | 2007 | 38 | 985 | 30,5 | 0,8 | 19,9 | 19,1 | 31,6 | 20,5 | 40 | 321 | 260 |

## 2.6.2 Pflegeeingriffe

Zur besseren Anschaulichkeit werden in folgender Tab. 3 die Pflegeeingriffe mit dem entsprechenden Nutzungsanfall zusammenfassend dargestellt:

Tab. 3

| Pflegeeingriffe und Nutzungsanfall | | | | | | | |
|---|---|---|---|---|---|---|---|
| | | Fläche 5 (GrPf.) | | | Fläche 6 (AD) | | |
| Jahr | Alter | Vfm | Efm.o.R. | dg/cm | Vfm | Efm.o.R. | dg/cm |
| | J. | je ha | je ha | | je ha | Je ha | |
| 1987 | 18 | Dickungspflege | | | Dickungspflege | | |
| 1993 | 24 | 20 | 16 | 9,9 | 21 | 17 | 10,4 |
| 1998 | 29 | 47 | 37 | 14,7 | 35 | 28 | 15,8 |
| 2002 | 33 | 62 | 51 | 15,3 | 67 | 54 | 16,5 |
| 2006 | 37 | 65 | 53 | 17,2 | 67 | 54 | 17,7 |
| Ges. | | 194 | 157 | | 190 | 153 | |

In beiden Pflegevarianten wurden in fünfmaligen Eingriffen im 4- bis 6-jährigen Turnus fast die gleichhohe Masse entnommen.

Dabei lag der Durchmesser des ausscheidenden Bestands bei der AD jeweils um 3 bis 8 % höher gegenüber der GrPf. Dies deckt sich mit Ergebnissen aus anderen Versuchsflächen und trifft häufig für die ersten Eingriffe zu.

Dies ist Ausdruck des unterschiedlichen waldbaulichen Vorgehens zwischen GrPf und AD. Während die AD starke Bäume als Konkurrenten entnimmt, bleiben diese bei der GrPf als GrAB erhalten und ihre Förderung erfolgt i.d.R. durch Entnahme bedrängender Bäume aus dem mittleren Durchmesserbereich am Rande der Auslesegruppen.

Dieses unterschiedliche Vorgehen bewirkt mit fortschreitender Pflege eine unterschiedliche Durchmesserstruktur des verbleibenden Bestands, indem bei der GrPf eine Verschiebung der Stammzahlen in den starken Durchmesserbereich erfolgt.

Diese Unterschiede haben Einfluss auf den Volumenzuwachs.

## 2.6.3 Volumenzuwachs

| Tab. 4: laufend jährl. Volumenzuwachs (ljz/DH) | | | | | | |
|---|---|---|---|---|---|---|
| | Vfm/ha/J. | | | Efm.o.R./ha/J. | | |
| | 27-31 J. | 32-38 J. | 27 - 38 J. | 27-31 J. | 32-38 J. | 27-38 J. |
| Fl.5 GrPf. | 31,4 | 26,1 | 28,3 | 25 | 21,3 | 22,8 |
| Fl.6 AD | 31,6 | 24,8 | 27,7 | 25,6 | 20 | 22,3 |

Obwohl der Unterschied zwischen den beiden Pflegevarianten nicht sehr groß ist, zeigt jedoch der zeitliche Verlauf einen Anstieg des jährlichen Volumenzuwachses der GrPf über den der AD.

Um Aussagen über die weitere Entwicklung machen zu können, wird in folgender Abb. 1 die erzielte Durchmesserstruktur wiedergegeben.

## 2.6.4 Durchmesserstruktur

Abb. 1

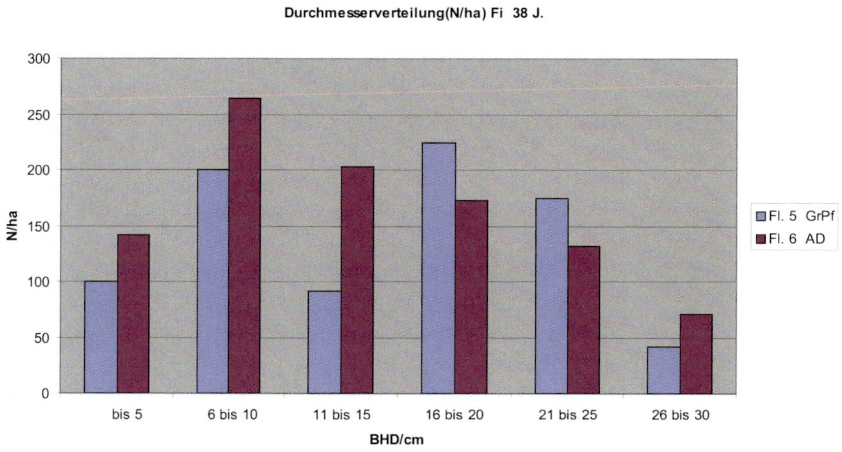

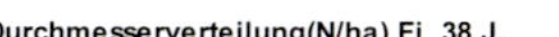


Die fünfmaligen Pflegeeingriffe haben eine deutlich unterschiedliche Durchmesserstruktur in den beiden Pflegevarianten erzielt. Die AD zeigt eine linkssymetrisch eingipfelige Verteilung, während die GrPf eine zweigipfelige Verteilung mit einer Verschiebung in den starken Durchmesserbereich hinein aufweist.

Außerdem befinden sich bei der AD mehr Bäume im stärksten Durchmesserbereich von 26 –30 cm, dies aber auf Kosten eines niedrigeren Anteils an den beiden nächst starken Durchmessern von 16 – 25 cm.

Es wird auch deutlich, dass die GrPf. verstärkt in mittlere Durchmesser zur Förderung der GrAB1 eingreift, aber auch im schwächeren Teil entwicklungsfähige Bäume als Reserve für einen sozialen Aufstieg fördert.

**Die erzielte Durchmesserstruktur lässt für die weitere Entwicklung eine Zuwachsüberlegenheit der GrPf gegenüber der AD erwarten.**

## 2.6.5 Durchmesserzuwachs

| Tab. 5: jährl. Durchmesserzuwachs/cm Fi GrAB u. AB | | | | | |
|---|---|---|---|---|---|
| | Fläche 5 (GrPf ) | | | Fläche 6 (AD) | |
| | GrAB* | GrAB° | GrAB | AB* | AB |
| | 324 N/ha | 191 N/ha | 100st.N/ha | 193 N/ha | 100st.N/ha |
| 1996-2009 (14J.) | | | | | |
| 27 - 40 J. | 0,89 | 0,96 | 1,01 | 0,95 | 1 |
| | | | | | |
| BHD/cm 40J. | 28,5 | 30,6 | 32,5 | 30,6 | 32,8 |
| Fl. 5:* ab Alter 37 J. reduziert auf 316 GrAB/ha, | | | | | |
| ° Reduziert auf die Anzahl der AB von Fl. 6, ab A 37J. 183 GrAB/ha | | | | | |
| Fl. 6 * ab Alter 37 J. wegen Stammrisse reduziert auf 163 AB/ha | | | | | |

Beide Pflegevarianten haben einen hohen Durchmesserzuwachs, wobei die in der Anzahl vergleichbaren GrAB und die 100 stärksten GrAB der Fl. 5 einen leicht höheren Trend, in der 14 jährigen Beobachtungszeit, gegenüber den AB der Fl. 6 aufweisen.

Für die GrPf kommt weiterhin positiv hinzu, dass der standortlich mögliche hohe Lichtungszuwachs an wesentlich mehr GrAB ausgenutzt worden ist. Die Versuchsreihe ist ein erneutes Beispiel dafür, dass die GrPf das Standortspotential voll ausnutzt.

In folgender Abb. 2 wird der jährliche Verlauf der 100 stärksten GrAB und AB je ha wiedergegeben:

Abb. 2

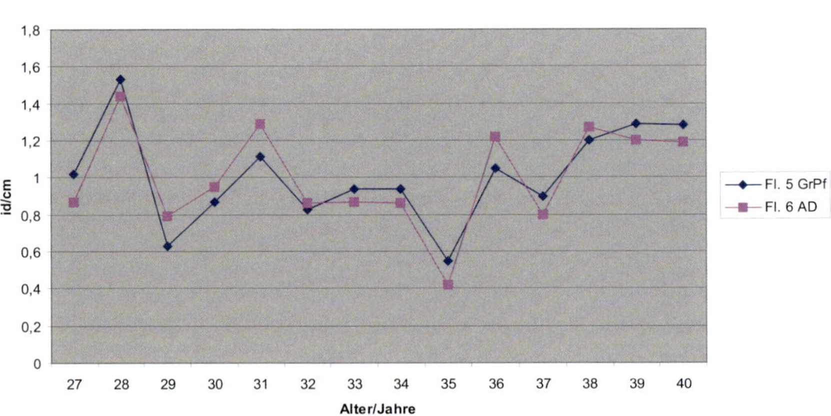


Auffällig ist, dass das Trockenjahr 2003 (34 J.) sich erst im folgenden Jahr auswirkt. Der Eingriff im Alter 29 J. bringt einen Anstieg des Durchmesserzuwachses, während der im

Alter 33 J. (2002), bedingt durch das Trockenjahr 2003, sogar einen vorübergehenden, starken Rückfall verzeichnet.

Insgesamt erfolgt bis zum Alter von 35 J. ein Abwärtstrend, um dann anzusteigen. Die Pflege im Alter 37 J. setzt die Erholung im Durchmesserzuwachs nach dem Trockenjahr fort. Der weitere Verlauf des Durchmesserzuwachses wird aber bis zum nächsten Eingriff wieder eine fallende Tendenz aufweisen.

## 2.7 V 7 c3 Meindelsgericht Fl. A (AD) u. G (GrPf)

Standort: Wuchsgebiet Schwäbisch – Bayerische Jungmoräne und Molassevorberge, 500 m NN, 820 mm Jahresniederschlag, 7,1° Jahresdurchschnittstemperatur, frischer tiefgründiger Lehm in ebener Lage.

Bestand: dichte Fi-Naturverjüngung (Bürstenwuchs) nach starker Schädigung des Vorbestandes durch Hagelschlag. Der Restschirm wurde nach und nach innerhalb von 12 Jahren vollständig geräumt. Im Alter von 13 Jahren erfolgte eine Dickungspflege in Form von Gassenschnitten. Dabei wurden im Abstand von 2 – 3 m in SW/NO-Richtung bis 2 m breite Gassen hineingeschnitten.

Im Alter von 17 Jahren erfolgten erneute Gassenschnitte in Richtung NO/SO. Das anfallende Material verblieb in beiden Eingriffen im Bestand. Bis zur Versuchsanstellung wurde der Bestand der Selbstdifferenzierung überlassen. Im Alter von 32 Jahren erfolgte die Anlage von zwei Versuchsflächen Fl. A (AD) und Fl. G (GrPf) mit einem erneuten Pflegeeingriff.

Versuchsziel: Vergleich Gruppenpflege mit Auslesedurchforstung

### 2.7.1 Bestandsdaten

Tab. 1

Fläche A (AD) Fichte

| | A/J. | N/ha Stck. | G/ha Qm | dg cm | hg m | do cm | ho m | OH-Bon. | Vorrat DH/ha Vfm. | Efm.o.R | BG | Ijz.DH Efm.o.R. |
|---|---|---|---|---|---|---|---|---|---|---|---|---|
| Gesamt B.1992 | 32 | 4833 | 45,6 | 11 | 13,1 | 21,3 | 16,5 | 40 | 285 | 231 | 1,35 | |
| aussch.B. 1992 | 32 | 792 | 9,5 | 12,3 | 13,8 | | | | 64 | 52 | | |
| Verbl. B. 1992 | 32 | 4041 | 36,1 | 10,7 | 12,9 | 20,6 | 16,4 | 40 | 221 | 179 | 1,06 | |
| Gesamt B.1996 | 36 | 2929 | 38 | 12,9 | 14,1 | 23,6 | 18,9 | 40 | 273 | 221 | 1,03 | 10,5 |
| aussch.B. 1996 | 36 | 397 | 5,9 | 13,8 | | | | | 45 | 36 | | |
| Verbl. B. 1996 | 36 | 2532 | 32 | 12,7 | 14 | 23,4 | 18,8 | 40 | 228 | 185 | 0,87 | |
| aussch.B. 2003 | 43 | 300 | 7,8 | 18,2 | | | | | 76 | 62 | | |

Tab. 2

| Fläche G (Gr Pf ) Fichte | | | | | | | | | | | | |
|---|---|---|---|---|---|---|---|---|---|---|---|---|
| | A/J. | N/ha | G/ha | dg | hg | do | ho | OH- | Vorrat DH/ha | | BG | Ljz.DH |
| | | Stck. | Qm | cm | m | cm | m | Bon. | Vfm. | Efm.o.R | | Efm.o.R. |
| Gesamt B.1992 | 32 | 4511 | 44,9 | 11,3 | 13,3 | 20,5 | 16,4 | 40 | 288 | 233 | 1,32 | |
| aussch. B: 1992 | 32 | 713 | 7,5 | 11,5 | 13,5 | | | | 48 | 39 | | |
| Verbl. B. 1992 | 32 | 3798 | 37,5 | 11,2 | 13,2 | 20,5 | 16,4 | 40 | 240 | 194 | 1,11 | |
| Gesamt. B.1996 | 36 | 3144 | 41,1 | 12,9 | 14,2 | 23,3 | 18,8 | 40 | 305 | 247 | 1,11 | 13,3 |
| aussch. B: 1996 | 36 | 378 | 5,5 | 13,6 | | | | | 41 | 33 | | |
| Verbl. B. 1996 | 36 | 2766 | 35,6 | 12,8 | 14,2 | 23,3 | 18,8 | 40 | 264 | 214 | 0,96 | |
| aussch. B. 2003 | 43 | 426 | 9,9 | 17,2 | | | | | 92 | 75 | | |

Durch zwei kurz aufeinander folgende Eingriffe konnte der Bestockungsgrad auf rd. 0,9 bzw. 1,0 abgesenkt werden. Beide Bestände sind aber, in den zwischen den Gassenschnitten verbliebenen Teilen, als sehr dicht anzusehen. Es herrscht also eine ungleichmäßig dichte Stammzahlverteilung vor.

Der für den wüchsigen Standort niedrige Volumenzuwachs dürfte auch auf die überdichten Bestockungsteile zwischen den Gassenaufhieben zurückzuführen sein. Innerhalb der nur kurzen Beobachtungsperiode von 4 Jahren weist jedoch **die GrPf einen um 27 % höheren Volumenzuwachs gegenüber der AD auf.**

## 2.7.2 Horizontale Struktur der GrAB Fl. G mit Kronenschirmkarte Alter: 36 J. (aus Dipl.-arb. Resch,M., 1998)

Abb. 1

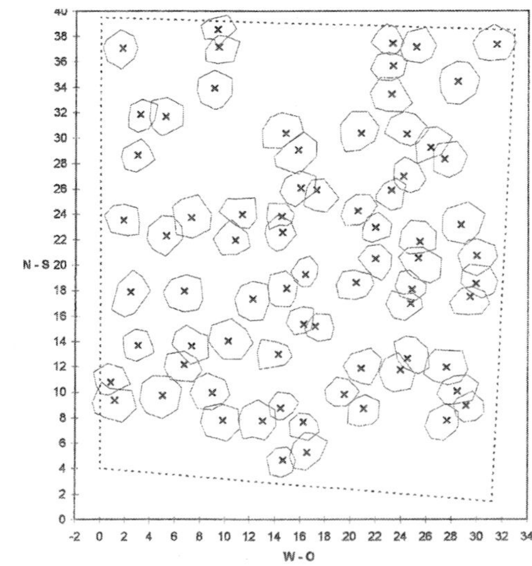

### 2.7.3 Durchmesserstruktur

Da die Durchmesserstruktur Einfluss auch auf die Zuwachsleistung eines Bestands hat, wird in folgender Abb. 2 geprüft, inwieweit die zwei unterschiedlich vorgenommenen Pflegeeingriffe diese bereits beeinflusst haben:

Abb.2

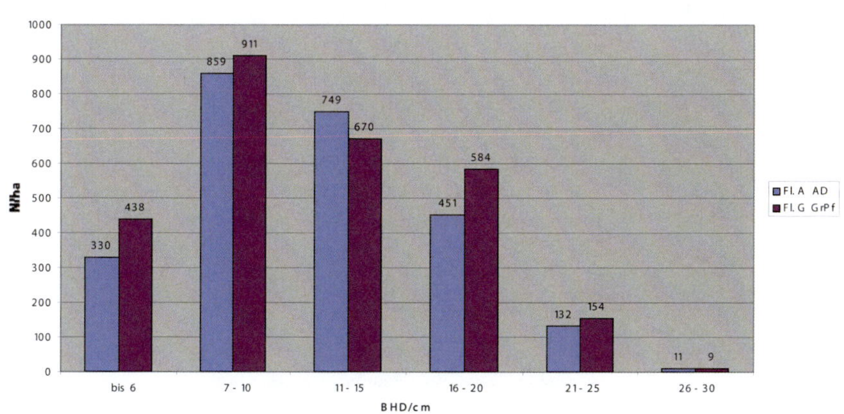


Aus Abb. 2 wird bereits die unterschiedliche Durchmesserstruktur sichtbar. Die AD weist zwei Fichten je ha mehr in der stärksten Durchmesserklasse auf, aber auf Kosten der nächststarken Durchmesser von 16 bis 25 cm.

Die erzielte Durchmesserstruktur lässt eine weitere Zuwachsüberlegenheit der GrPf gegenüber der AD erwarten.

### 2.7.4 Durchmesserzuwachs aller und der 100 stärksten GrAB und AB

| Tab. 3: jährl. Durchmesserzuwachs (id/cm) der GrAB und AB | | | | |
|---|---|---|---|---|
| | | | | |
| | Fl. G | | Fl. A | |
| | GrAB/ha | GrAB/ha | AB/ha | AB/ha |
| | 346 | 100 | 196 | 100 |
| | | | | |
| id/cm (33-43J.) | 0,6 | 0,67 | 0,7 | 0,75 |
| BHD/cm (32 J.) | 17,9 | 19,6 | 16,7 | 18,4 |
| BHD/cm (43 J.) | 24,5 | 27 | 24,4 | 26,6 |

Aus Tab. 3 wird die Gesetzmäßigkeit wieder deutlich, dass wesentlich mehr GrAB als AB gefördert werden. Sowohl alle AB als auch nur die 100 stärksten AB/ha weisen einen höheren Durchmesserzuwachs als die GrAB auf.

Der Grund dafür ist in stärkeren Eingriffen in der Fl. A zu suchen. So wurden in dieser Fläche 1992 und 1996 1189 Fichten je ha mit 88 Efm/ha entnommen, während in der Fl. G im gleichen Zeitraum nur 1091 Fichten mit 72 Efm/ha angefallen sind.

Insgesamt sind die ersten beiden Eingriffe in der Fl. G zu zaghaft erfolgt. Erst die 3. Pflege im Alter 43 J. wurde in der GrPf stärker geführt als in der AD und lässt in Zukunft eine allmählige Annäherung der Durchmesserzuwächse erwarten.

## 2.7.5 BHD in Abhängigkeit von der Kronenschirmfläche (KSF)

Abb. 3

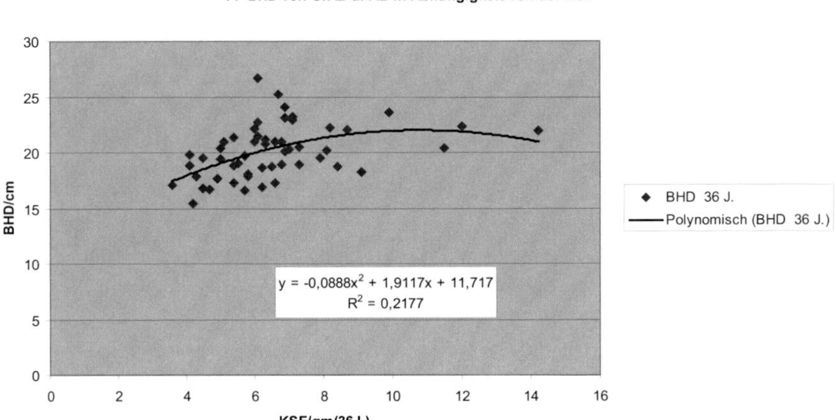


Wie bereits in Ziff. 2.4.6 aufgezeigt, ist auch hier die Abhängigkeit zwischen BHD und Kronengröße sehr schwach ausgebildet. Nur rd. 22 % der BHD-Einzelwerte sind von der KSF abhängig. Andere Einflussgrößen, z.B. die genetische Struktur, der Kleinstandort, eine bisherige unterschiedliche Entwicklung u.a. haben größere Bedeutung.

Der Kurvenverlauf verdeutlicht außerdem, dass die Kronengröße ein Optimum erreicht, und bei einer Vergrößerung darüber hinaus keinen weiteren Dimensionsgewinn bringt.

Das zur Verfügung stehende Standortspotential wird nur dann voll ausgenutzt, wenn sowohl Bäume aus dem stärkeren aber auch aus dem entwicklungsfähigen gut bekronten schwächeren Durchmesserbereich gefördert werden.

## 2.8 XI 3 c1 Heiligkreuz Fl. 1 ungleichaltrig, Fl. 2 gleichaltrig

Standort: Wuchsgebiet Tertiäres Hügelland, 450 m NN, Jahresniederschlag 780 mm, 7,9° Jahresdurchschnittstemperatur, frischer Feinlehm mit Verdichtung im Unterboden, leicht nach NO geneigt.

Bestand: Fi Reinbestand mit wenigen Lä und Dgl. 1993 erfolgte die Anlage von zwei Versuchsflächen, eine in einem stufigen, ungleichaltrigen und eine in einem geschlossenen, gleichaltrigen Bestandsteil (Fl. 2). Die Ungleichaltrigkeit in Fl. 1 ist durch einen nesterweisen Schneebruch im Alter von 23 Jahren und einer anschließenden tlw. Fi-Naturverjüngung entstanden. Von der gesamten Versuchsfläche Fl. 1 mit 2726 qm waren zu Versuchsbeginn im Jahre 1993 rd. 40% der Fläche vom älteren und 40% vom jüngeren Teil bestockt, 20% der Fläche waren unbestockt. Auf diesen unbestockten Teilen erfolgte im Frühjahr 1994 eine truppweise Pflanzung von Bu und Ta. Die Behandlung bis zum Versuchsbeginn war in beiden Flächen niederdurchforstungsartig. Ab 1993 erfolgte ein Umbau in Dauerwald über eine Gruppenpflege

Versuchsziel: Umbau zum Dauerwald unter unterschiedlichen Ausgangslagen über GrPf.

### 2.8.1 Bestandsdaten

Tab. 1: Fl. 1 (ungleichaltrig)

| | Jahr | Alter/J. | N/ha | G/ha | dg | do | OH- | Vorrat/ha | | BG* |
|---|---|---|---|---|---|---|---|---|---|---|
| | | | | qm | cm | cm | Bon. | Vfm. | Efm.o.R. | |
| Ges.Bestand | 1993 | 41- 64 (53) | 836 | 50,2 | 27,6 | 46,2 | 38 | 570 | 462 | 0,87 |
| aussch. B. | 1993 | 41- 64 (53) | 48 | 4 | 32,8 | | | 45 | 37 | |
| Verbl. Bestand | 1993 | 41- 64 (53) | 788 | 46,2 | 27,3 | 46 | 38 | 525 | 425 | 0,81 |
| aussch. B. | 1996 | 44- 67 (56) | 99 | 6,9 | 29,8 | | | 92 | 74 | |
| Ges.Bestand | 2000 | 48- 71 (60) | 583 | 46,6 | 31,9 | 49,5 | 38 | 586 | 474 | 0,80 |
| Ges.Bestand | 2006 | 54- 77 (66) | 572 | 55 | 35 | 53 | 38 | 745 | 603 | 0.93 |
| Bruch | 2006 | 54- 77 (66) | 26 | 0,3 | | | | 2 | 1 | |
| Verbl. Bestand | 2006 | 54- 77 (66) | 546 | 54,7 | 35,7 | 53 | 38 | 743 | 602 | 0,93 |

* bemessen am Vorrat des älteren Bestockungsteils,ET Fi Assmann/Franz 1963,mittleres Ertragsniveau

Innerhalb des errechneten niedrigen Bestockungsgrades gab es bei Versuchsbeginn dichte Teilbereiche sowohl im älteren als auch im jüngeren Bestand sowie viele schlechte Exemplare, so dass 1996 ein erneuter Eingriff notwendig war.

Vom gesamten Vorrat von 743 Vfm/ha werden zum Zeitpunkt der letzten Aufnahme 2006 35 % vom jüngeren Teil und 65 % vom älteren Teil gebildet. Der Bestand hat jetzt eine ideale Struktur,er ist ungleichaltrig und gemischt. Der noch hohe Vorrat für einen Dauerwald kann infolge der Ungleichaltrigkeit und der vertikalen Differenzierung rascher abgebaut werden.

| Tab. 2: Fl. 2 (gleichaltrig) | | | | | | | | | | |
|---|---|---|---|---|---|---|---|---|---|---|
| | Jahr | Alter/J. | N/ha | G/ha | dg | do | OH- | Vorrat/ha | | BG* |
| | | | | qm | cm | cm | Bon. | Vfm. | Efm.o.R. | |
| Ges.Bestand | 1993 | 64 | 854 | 62,9 | 30,6 | 43 | 38 | 862 | 698 | 1,32 |
| aussch.B. | 1996 | 67 | 217 | | | | | 153 | 124 | |
| Ges.Bestand | 2000 | 71 | 636 | 59,3 | 34,5 | 46,6 | 38 | 843 | 683 | 1,15 |
| Bruch | 2000 | 71 | 11 | 1,6 | 43 | | | 24 | 19 | |
| Verbl.Bestand | 2000 | 71 | 625 | 57,7 | 34,3 | 46,5 | 38 | 819 | 664 | 1,12 |
| aussch.B.f.RG | 2001 | 72 | 90 | 6,8 | 35,7 | | | 99 | 80 | |
| Wurf | 2004 | 75 | 23 | | | | | 8 | 7 | |
| Ges.Bestand | 2006 | 77 | 512 | 54 | 36,7 | 47,6 | 38 | 794 | 643 | 1,00 |
| Bruch | 2006 | 77 | 11 | 0,7 | | | | 8 | 6 | |
| Verbl.Bestand | 2006 | 77 | 501 | 53,3 | 36,8 | 47,6 | 38 | 786 | 637 | 0,99 |
| * nach ET Fi Assmann/Franz 1963 mittleres Ertragsniveau | | | | | | | | | | |

Die Fl. 2 war zu Versuchsbeginn ein dichter Bestand mit vielen kleinkronigen und qualitativ schlechten Bestockungsgliedern. Ein so starker Eingriff zum Aufholen des Pflegerückstands in einem rel. alten Fichtenbestand war nur über eine Gruppenpflege problemlos.

Sie ist eine Methode der geringsten Destabilisierung, weil sie gewachsene Strukturen nicht auseinanderreißt. Sie eignet sich deshalb auch für die Behandlung ungepflegter, instabiler Fichtenbestände, ohne zu große Stabilisierungsprobleme befürchten zu müssen.

Obwohl in diesem Bestand die GrPf. zu spät begonnen worden ist, weist er eine - wenn auch nicht so deutlich ausgeprägte- horizontale Differenzierung aus, die bei der jetzt notwendigen Vorausverjüngung ausgenutzt werden kann.

Der hohe Vorrat muss mit einer einzubringenden VV allmählich abgebaut werden.

## 2.8.2 Volumenzuwachs

| Tab. 3: Laufend jährlicher Volumenzuwachs (ljz v) | | | | |
|---|---|---|---|---|
| | Fl. 1 | | Fl. 2 | |
| | Vfm. | Efm.o.R. | Vfm. | Efm.o.R. |
| | ja ha | je ha | je ha | je ha |
| 1994-00 | 21,8 | 17,6 | 19,1 | 15,6 |
| 2001-06 | 26,5 | 21,5 | 13,7 | 11 |
| 1994-06 | 24 | 19,4 | 16,6 | 13,5 |

In beiden untersuchten Zuwachsperioden weist die ungleichaltrige Fl. 1 einen höheren Volumenzuwachs auf als die gleichaltrige Fl. 2. Interessant ist der völlig unterschiedliche zeitliche Verlauf des Zuwachses. Während in der Fl. 1 ein beträchtlicher Anstieg zu verzeichnen ist, fällt dieser in der Fl. 2 sehr stark ab.

Die Unterschiede sind Ausdruck der verschiedenartigen Zusammensetzung der Bestockungen. Im gleichaltrigen Bestand erfolgt ein altersbedingter Abfall, während im ungleichaltrigen Bestand die jüngeren Teile einen Aufwärtstrend bewirken.

So beträgt der Vorratsanteil des jüngeren Bestockungsteils in Fl.1 nur 35 % des Gesamtvorrates, dieser leistet aber bereits 49 % des Zuwachses. Dieser Trend zugunsten der Fl. 1 wird sich sicher auch fortsetzen, da der Zuwachs des jüngeren Teils infolge des gedämpften Jugendwachstums noch ansteigen wird.

Außerdem wird die bereits 13-jährige Bu- und Ta –Vorausverjüngung in absehbarer Zeit auch zum Gesamtzuwachs beitragen.

### 2.8.3 Durchmesserzuwachs (cm/J.)

Tab. 4

| | | Fl. 1 | | Fl. 2 | | |
|---|---|---|---|---|---|---|
| zw-periode | | GrAB1 | GrAB 2 | GrAB 1 | davon | Rest |
| Jahr | Alter | 70 N/ha** | 103 N/ha | 171 N/ha | 68 st.B/ha* | 103 N/ha |
| | | | | | | |
| 1994-07 | 65 - 78 | 0,56 | | 0,42 | 0,45 | 0,39 |
| 1994-07 | 42 - 55 | | 0,59 | | | |
| % | | 124 | 151 | | 100 | 100 |
| BHD/07 | | 49,5 | 35,3 | 44,8 | 49,1 | 41,6 |

* reduziert auf rd. 70 stärkste GrAB/ha um Vergleichbarkeit mit Fl. 1 herzustellen

** ab 2001 66 N/ha

Die 70 GrAB1 in Fl. 1 leisteten in den zurückliegenden 14 Jahren einen um 24% höheren Durchmesserzuwachs als die vergleichbaren GrAB1 im gleichaltrigen Bestand Fl. 2. Offensichtlich gewährleistet die Ungleichaltrigkeit eine bessere Ausnutzung des zur Verfügung stehenden Standraumes. Außerdem ist die Überlegenheit der jüngeren GrAB2 in Fl. 1 gegenüber den restlichen GrAB1 der Fl. 2 mit + 51 % noch wesentlich größer.

Es wird deutlich, dass ein ungleichaltrig aufgebauter Bestand, bei bestimmten ausgewogenen Anteilen unterschiedlicher Alter, eine bessere Ausnutzung des Standortspotentials gewährleistet und sowohl einen höheren flächenbezogenen Volumenzuwachs, als auch einen höheren Durchmesserzuwachs der Auslesebäume erbringen kann.

### 2.8.4 Durchmesserstruktur

Abb. 1

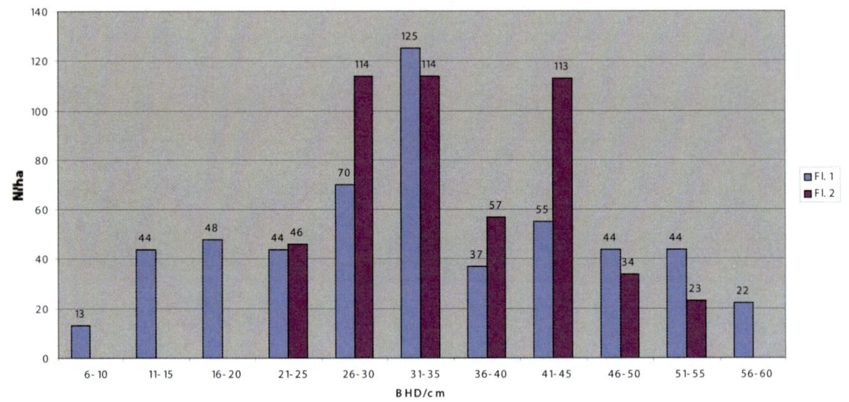


Beide Flächen weisen eine mehr oder weniger ausgeprägte, für die GrPf typische zweigipfelige Durchmesserstruktur auf. Trotzdem sind folgende deutliche Unterschiede zu verzeichnen:

- die ungleichaltrige Fl. 1 weist mehr Bäume im starken Durchmesserbereich ab 46 cm auf.
- in den Durchmessern bis ca.35 cm befinden sich in der Fl. 1 im wesentlichen aufstrebende Bäume des jüngeren Bestockungsteils, während in der Fl. 2 hauptsächlich zurückgebliebene, schwach entwickelte ältere Fichten stehen.

Die aufgezeigten Strukturunterschiede machen die Zuwachsüberlegenheit der ungleichaltrigen Fl. 1 deutlich.

## 2.9 XII 2 a1 Lange Seiche, Fl. 1 ungleichaltrig, Fl. 2 gleichaltrig

In einem Fichtenbestand von 3,1 ha mit einigen Tannengruppen im Oberbestand erfolgte im Jahre 1996 die Anlage von zwei für den Gesamtbestand repräsentativen Versuchsflächen mit einer gleichzeitigen Gruppenpflege.

Standort: Wuchsgebiet Tertiäres Hügelland, 460 m NN, 780 mm Jahresniederschlag, 7,7° Jahresdurchschnittstemperatur, frischer Feinlehm, leicht nach N geneigt

Bestand: Die Fl. 1 repräsentiert die durch einen früheren Schneebruch aufgelockerten

Teile. Hier befanden sich neben Freiflächen auch in geringem Umfang eine rd. 15- bis 40-jährige Fi-Naturverjüngung bzw. Pflanzung. Die Fl. 2 ist in einen dichtem Bestandsteil angelegt worden.

Durch die Gruppenpflege 1996 setzte eine truppweise Ta-Naturverjüngung ein. Nach Festigung der Ta-NV erfolgte 2008 und 2009 eine truppweise Buchenpflanzung mit 2-jährigen Sämlingen, unter Ausnutzung vorhandener Lücken und Freiflächen.

Versuchsziel: Gruppenpflege unter unterschiedlichen Ausgangslagen mit Ausnutzung einer Ta-NV und einer truppweisen künstlichen Bu-Vorausverjüngung.

## 2.9.1 Bestandsdaten

Tab. 1: Fläche 1 (ungleichaltrig)

| | Alter | N/ha | G/ha | dg | hg | do | OH- | Vorrat DH/ha | | BG* |
|---|---|---|---|---|---|---|---|---|---|---|
| | J. | Stck. | qm | cm | m | cm | Bon. | Vfm. | Efm.o.R. | |
| Ges.B. 1996 | 15-65 (55) | 663 | 43,4 | 28,9 | 24 | | 38 | 581 | 470 | 0,88 |
| aussch,B 1996 | 15-65 (55) | 100 | 7,8 | 33,1 | | | | 114 | 92 | |
| Verbl.B. 1996 | 15-65 (55) | 563 | 35,6 | 28,4 | 24,8 | | 38 | 467 | 378 | 0,7 |
| Ges.B. 2001 | 20-70 (60) | 545 | 41,1 | 31 | 26,2 | | 38 | 563 | 456 | 0,78 |
| aussch,B 2001 | 20-70 (60) | 41 | 2,7 | 29,2 | | | | 37 | 30 | |
| Verbl.B. 2001 | 20-70 (60) | 504 | 38,4 | 31,2 | 26,3 | 47 | 38 | 526 | 426 | 0,73 |
| Ges.B. 2005 | 24-74 (64) | 485 | 41,5 | 33 | 27,5 | | 38 | 586 | 474 | 0,76 |
| aussch.B. 2005 | 24-74 (64) | 54 | 3,2 | 31,6 | | | | 46 | 37 | |
| Verbl.B. 2005 | 24-74 (64) | 431 | 38,5 | 33,6 | 28 | 48,8 | 38 | 540 | 437 | 0,7 |
| Ges.B. 2006 | 25-75 (65) | 422 | 38,8 | 34,2 | 28,3 | 29,2 | 38 | 552 | 447 | 0,71 |
| aussch.B. 2008 | 27-77 (67) | 27 | 2,9 | 36,9 | | | | 40 | 32 | |

*gemessen am Vorrat des ältesten Teils mit der Fi ET Assmann /Franz, mittleres Ertragsniveau

Infolge der Schneebruchschäden war der Ausgangsbestand zum Zeitpunkt der Versuchsanlage 1996 sehr lückig. Die bestockten Teile waren zwar sehr dicht, es dominierten aber infolge des zurückliegenden starken Wildverbisses unbestockte Lücken.

Neben einer kleinen 15-jährigen Auspflanzung mit Fi, befand sich lediglich ein Trupp aus 40-jährigem Fi-Stangenholz aus Naturverjüngung mit einem geringen Vorratsanteil von 10 % am Gesamtvorrat. Insgesamt fehlte es an einem entwicklungfähigen Zwischenstand, um die Lücken zu schließen und das Zuwachspotenz des Standortes voll auszunutzen.

Durch intensive Bejagung in den letzten 10 Jahren konnte sich nach der ersten vorgenommenen Gruppenpflege eine beginnende Verjüngung einstellen. Eine Zählung im Jahre 2000 ergab folgende 2- bis 4-jährige Verjüngungen je ha: 363 Ta, 43 Ei, 9 Ah (Bu), insgesamt 599 Stck/ha.

Die erfolgte, weitere Absenkung des Bestockungsgrades war notwendig durch die verstärkte Entnahme grobastiger starker Fichten am Rande der Schneebruchlücken.

| Tab. 2: Fläche 2 (gleichaltrig) | | | | | | | | | | |
|---|---|---|---|---|---|---|---|---|---|---|
| | Alter | N/ha | G/ha | dg | hg | do | OH- | Vorrat DH/ha | | BG* |
| | J. | Stck. | qm | cm | m | cm | Bon. | Vfm. | Efm.o.R | |
| Ges.B. 1996 | 65 | 929 | 61,8 | 29,1 | 27,5 | | 38 | 847 | 687 | 1,28 |
| aussch.B. 1996 | 65 | 239 | 8,3 | 22,2 | | | | 115 | 94 | |
| Verbl.B. 1996 | 65 | 690 | 53,5 | 31,6 | 28,3 | | 38 | 732 | 593 | 1,1 |
| Ges.B. 2001 | 70 | 690 | 59,9 | 33,1 | 29,1 | | 38 | 848 | 687 | 1,17 |
| aussch.B. 2001 | 70 | 80 | 4,4 | 27,2 | | | | 56 | 45 | |
| Verbl.B. 2001 | 70 | 610 | 55,5 | 34,1 | 29,3 | 45,6 | 38 | 792 | 642 | 1,1 |
| Ges.B. 2005 | 74 | 605 | 60,6 | 35,7 | 30,1 | | 38 | 886 | 717 | 1,16 |
| aussch.B. 2005 | 74 | 89 | 6,9 | 31,5 | | | | 98 | 79 | |
| Verbl.B. 2005 | 74 | 516 | 53,7 | 36,1 | 30,2 | 47,2 | 38 | 788 | 638 | 1,03 |
| Ges.B. 2006 | 75 | 511 | 54,5 | 36,8 | 30,5 | 47,5 | 38 | 801 | 649 | 1,03 |
| aussch.B. 2008 | 77 | 70 | 5,7 | 32 | | | | 78 | 63 | |
| * gemessen an Fi ET Assmann/Franz, mittleres Ertragsniveau | | | | | | | | | | |

Fl. 2 war ein überdichter Bestand mit vielen kleinkronigen Bäumen. Es erfolgte ein starker Engriff zur Aufholung des Pflegerückstands. Mit einer ZB-Durchforstung hätte ein so starker Eingriff wegen einer zu starken Destabilisierung nicht stattfinden können.

Die GrPf schafft einen weiten Spielraum hinsichtlich der Eingriffsstärke und erlaubt eine große waldbauliche Freiheit. So konnte auch hier eine natürliche Verjüngung nach diesem Pflegeeingriff einsetzen. Eine vorgenommene Zählung im Jahr 2000 ergab folgende 2- bis 4-jährige Pflanzenzahlen je ha: 94 Ta, 117 Ei, 9 Ah, insgesamt 220 Stck./ha.

## 2.9.2 Volumenzuwachs

| Tab. 3: laufend jährlicher Volumenzuwachs (ljzv DH) | | | | |
|---|---|---|---|---|
| | Fl. 1 | | Fl. 2 | |
| | Vfm. | Efm.o.R. | Vfm. | Efm.o.R. |
| | je ha | je ha | je ha | je ha |
| 1997 - 2001 | 19,2 | 15,6 | 23,2 | 18,8 |
| 2002 - 2006 | 14,4 | 11,6 | 21,4 | 17,2 |
| 1997 - 2006 | 16,8 | 13,6 | 22,3 | 18 |

Beide Bestände zeigen einen altersbedingten Zuwachsabfall. Der ungleichaltrige Bestand Fl. 1 aber leistete in der 10-jährigen Untersuchungsperiode einen wesentlich niedrigeren Volumenzuwachs als der gleichaltrige Bestand Fl. 2. Die Gründe dafür liegen in der starken Auflockerung des Oberbestandes durch den Schneebruch und im Ausbleiben einer ausreichenden Verjüngung.

Dadurch fehlt ein entwicklungsfähiger, zuwachsstarker jüngerer Zwischenstand, der den Zuwachsverlust im Oberholz ausgleicht, wie es in Fl. 1 Ziff. 2.8 der Fall ist.

### 2.9.3 Durchmesserzuwachs

Tab. 4: Fi - jährlicher Durchmesserzuwachs (id/cm)

| | | Fl. 1 | | Fl. 2 | |
|---|---|---|---|---|---|
| zw-periode | | GrAB1 | GrAB2 | GrAB1 | GrAB1 |
| Jahr | Alter/J. | 64 N/ha | 54 N/ha | 136 N/ha | 70 N/ha* |
| 1998 - 2006 | 67-75 | 0,54 | | 0,5 | 0,56 |
| 1998 - 2006 | 40-48 | | 0,44 | | |
| BHD/2006 | | 41,4 | 27,4 | 42,6 | 46,9 |

*reduziert auf die stärksten 70 N/ha, um mit Fl. 1 vergleichbar. In Fl. 2 konnten keine GrAB2 ausgewiesen werden

Insgesamt sind infolge der unzureichenden Pflege wenige GrAB vorhanden. In der Fl. 2 konnten auch keine entwicklungsfähigen Fichten aus dem Zwischenstand als GrAB2 bestimmt werden.

In der Fl. 1 wurden zusätzlich zu den ausgewiesenen GrAB1 in der Fi weitere 5 Ta und 4 Lä je ha vorgefunden. In der Fl. 2 sind keine weiteren GrAB1 vorhanden gewesen.

Während der Durchmesserzuwachs der rd. 70 Fi-GrAB1 in beiden Varianten ungefähr gleichhoch ist, liegt dieser der GrAB2 infolge Einengung durch starkastige Fichten wesentlich niedriger. Nach verstärkter Entnahme der schlechtesten Exemplare ist ein Aufwärtstrend zu verzeichnen.

### 2.9.4 Durchmesserstruktur

Abb.1

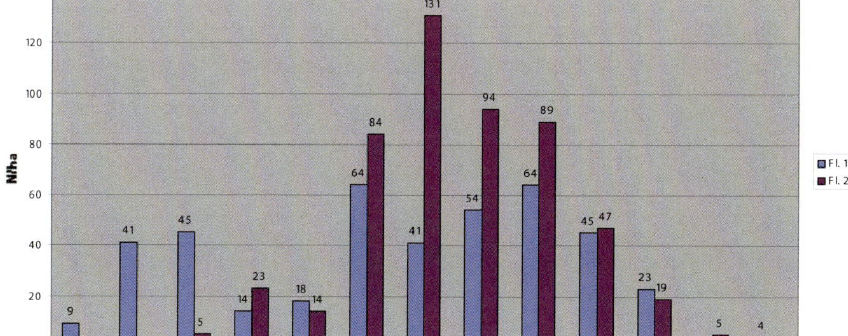

Im starken Durchmesserbereich ab 46 cm ist eine Annäherung der Stammzahlen zu verzeichnen. Hier hat die ungleichaltrige Fl. 1 seit 1996 gegenüber der gleichaltrigen Fl. 2 aufgeholt. Der Grund für die Überlegenheit im Volumenzuwachs der Fl. 2 (s. Tab. 3) hat zwei Gründe:

1. In der reichlichen Ausstattung in den Durchmessern 41 bis 45 cm in der Fl. 2 mit einer noch großen Zuwachspotenz. Von den hier insgesamt vorhandenen 89 Fichten je ha sind allein 50 Stck. je ha GrAB.
2. Im Fehlen eines ausreichenden entwicklungsfähigen jüngeren Zwischenstandes in der Fl. 1, vor allem auch in den Durchmessern 16 bis 25 cm. Das Ausbleiben der Verjüngung nach dem Sturmschaden infolge Wildverbiss, wirkt sich hier langfristig zuwachsmindernd aus.

Mit einer zunehmenden ungleichmäßigen Kronenauflockerung durch die GrPf muss auch eine permanente Verjüngung einhergehen. Die Ergebnisse aus den vorstehenden zwei Versuchsreihen 2.8 und 2.9 erlauben wichtige Schlussfolgerungen für die langfristig anzustrebenden Vorrats- und Stammzahlstrukturen im Rahmen der praktischen Gruppenpflege.

## 2.10 XII 2 a2 Lange Seiche , Fl.1 Fi-Mb, Fl.2 u. 3 Fi-Rb

**Standort**: Tertiäres Hügelland 465 m NN, 780 mm Jahresniederschlag, 7,9° C Jahresdurchschnittstemperatur, frischer Feinlehm, tlw. frischer sandiger Lehm, schwach nach N geneigt.

**Bestand**: Im westlichen Teil von 2 a2 wurden 1997 drei, für den gesamten Bestand repräsentative Versuchsflächen jeweils zwischen zwei Rückegassen angelegt. Die Fl. 1 repräsentiert einen Streifen mit Mischungsanteilen älterer Ta- u. Bu-Trupps, die Fl. 2 und 3 stehen für 2 Steifen mit reiner Fi. Der letzte Hieb lag im Gesamtbestand 10 Jahre zurück, im Jahre 1987 wurden 55 Efm. je ha im Rahmen einer Gruppenpflege genutzt. Rückegassen waren schon früher angelegt worden.

In Folge dieses Eingriffes stellte sich im Mischbestandsteil eine tlw. Ta-NV ein. Mittlerweile findet man auch in den Reinbestandsteilen eine trupp- bis gruppenweise Ta- und Fi – NV vor. Da wo keine Bu-NV zu erwarten war, erfolgte 2007 eine truppweise Buchensaat. Im Jahr 2009 wurde diese durch eine zusätzliche truppweise Bu- Pflanzung verdichtet.

**Versuchsziel**: Zuwachs eines ungleichaltrigen Fi, Ta, Bu-Mischbestandes zum Fi- Reinbestand. Erzielung eines Dauerwaldes unter unterschiedlichen Ausgangslagen mit Hilfe der GrPf.

## 2.10.1 Bestandsdaten

Tab. 1

| Fl. 1 Mischbestand | | | | | | | | | | | |
|---|---|---|---|---|---|---|---|---|---|---|---|
| | | N/ha | G/ha | dg | hg | do | Bon. | Vorrat DH/ha | | BG | Fl.-ant. |
| | | Stck. | qm | cm | m | cm | | Vfm | Efm.o.R. | | % |
| | | | | | | | | | | | |
| aussch.B.1997 | | | | | | | | | | | |
| 55 J. | Fi | 53 | 2,9 | 26,5 | | | | 37 | 30 | | |
| 80 J. | Ta | 26 | 2,2 | 32,6 | | | | 32 | 26 | | |
| 80 J. | Bu | 18 | 3,1 | 46,9 | | | | 45 | 38 | | |
| | Sa. | 97 | 8,2 | | | | | 114 | 94 | | |
| Ges.B. | 1998 | | | | | | | | | | |
| 56 J. | Fi | 387 | 31,8 | 31,7 | 25,8 | 41,6 | 40 | 435 | 352 | 0,72 | 59 |
| 81 J. | Ta | 75 | 10,6 | 42,5 | 29,5 | | I,0 | 153 | 124 | 0,25 | 21 |
| 46 J. | Lä | 9 | 1,2 | 41,2 | 23,1 | | I,0 | 15 | 11 | 0,05 | 4 |
| 81 J. | Bu | 31 | 5,2 | 46,3 | 27,8 | | I,0 | 86 | 73 | 0,2 | 16 |
| | Sa. | 502 | 48,8 | | | | | 689 | 560 | 1,22 | 100 |
| Ges.B. | 2003 | | | | | | | | | | |
| 61 J. | Fi | 387 | 35,2 | 34 | 28 | 43,3 | 40 | 499 | 403 | 0,74 | 57 |
| 86 J. | Ta | 75 | 12,3 | 45,7 | 31,2 | | I,0 | 180 | 146 | 0,28 | 21 |
| 51 J. | Lä | 9 | 1,4 | 45 | 26,9 | | I,0 | 19 | 14 | 0,06 | 5 |
| 86 J. | Bu | 31 | 6 | 49,6 | 29 | | I,0 | 102 | 86 | 0,22 | 17 |
| | Sa. | 502 | 55,7 | | | | | 800 | 649 | 1,30 | 100 |
| aussch.B.2003 | | | | | | | | | | | |
| 61 J. | Fi | 136 | 10 | 32,1 | | | | 138 | 111 | | |
| 86 J. | Ta | 22 | 4,1 | 48,7 | | | | 60 | 49 | | |
| 86 J. | Bu | 5 | 0,6 | 39,5 | | | | 10 | 8 | | |
| | Sa. | 163 | 14,2 | | | | | 208 | 168 | | |
| Verbl.B. | 2003 | | | | | | | | | | |
| 61 J. | Fi | 251 | 25,2 | 34,8 | 28,2 | 43,3 | 40 | 361 | 292 | 0,54 | 55 |
| 86 J. | Ta | 53 | 8,2 | 44,5 | 31,1 | | I,0 | 120 | 97 | 0,19 | 19 |
| 51 J. | Lä | 9 | 1,4 | 45 | 26,9 | | I,0 | 19 | 14 | 0,06 | 6 |
| 86 J. | Bu | 26 | 5,4 | 51,3 | 29,1 | | I,0 | 92 | 78 | 0,2 | 20 |
| | Sa. | 339 | 41,5 | | | | | 592 | 481 | 0,99 | 100 |
| Ges.B. | 2007 | | | | | | | | | | |
| 65 J. | Fi | 242 | 27,1 | 37,8 | 30,1 | 45,6 | 40 | 404 | 328 | 0,56 | 52 |
| 90 J. | Ta | 53 | 9,5 | 48,4 | 31,8 | | I,0 | 158 | 128 | 0,24 | 22 |
| 55 J | Lä | 9 | 1,7 | 49,5 | 29,1 | | I,0 | 24 | 18 | 0,07 | 7 |
| 90 J. | Bu | 26 | 5,9 | 53,5 | 31,1 | | I,0 | 101 | 85 | 0,21 | 19 |
| | Sa. | 330 | 44,2 | | | | | 687 | 559 | 1,08 | 100 |
| aussch.B.2008 | | | | | | | | | | | |
| 66 J. | Fi | 40 | 4,8 | 39,2 | | | | 72 | 58 | | |
| 91 J. | Bu | 9 | 2,5 | 60,2 | | | | 44 | 37 | | |
| | Sa. | 49 | 7,3 | | | | | 116 | 95 | | |

Tab. 2

| Fl. 2 Fi – Reinbestand | | | | | | | | | | |
|---|---|---|---|---|---|---|---|---|---|---|
| | N/ha | G/ha | dg | hg | do | Bon. | Vorrat DH/ha | | BG | Fl.-ant. |
| | Stck. | Qm | cm | m | cm | | Vfm. | Efm.o.R. | | % |
| aussch.B. 1997 55J. | 92 | 5,5 | 27,6 | | | | 71 | 58 | | |
| Ges.B. 1998 56J. | 640 | 42,5 | 29,4 | 25,2 | 40,6 | 40 | 567 | 459 | 0,94 | 100 |
| Sturmw. 1999 57J. | 18 | 1 | 26,5 | | | | 11 | 9 | | |
| Ges.B. 2003 61J. | 622 | 48,5 | 31,5 | 27,3 | 43,8 | 40 | 669 | 541 | 0,99 | 100 |
| aussch.B. 2003 61J. | 167 | 11,3 | 29 | | | | 150 | 121 | | |
| Verbl.B. 2003 61J. | 455 | 37,2 | 32,5 | 27,5 | 42,2 | 40 | 519 | 420 | 0,77 | 100 |
| Ges.B. 2007 65J. | 449 | 41 | 34,1 | 29,6 | 44,5 | 40 | 583 | 472 | 0,80 | 100 |
| aussch.B. 2008 66J. | 68 | 6,6 | 35,3 | | | | 96 | 78 | | |

Tab. 3

| Fl. 3 Fi - Reinbestand | | | | | | | | | | |
|---|---|---|---|---|---|---|---|---|---|---|
| | N/ha | G/ha | dg | hg | do | Bon. | Vorrat DH/ha | | BG | Fl.-ant. |
| | Stck | Qm | cm | m | cm | | Vfm. | Efm.o.R. | | % |
| aussch.B. 1997 55J. | 144 | 8,2 | 27 | | | | 105 | 85 | | |
| Ges.B. 1998 56J. | 677 | 45,1 | 29,1 | 25,1 | 37,5 | 40 | 595 | 482 | 0,99 | 100 |
| Ges.B. 2003 61J. | 670 | 50,9 | 31,1 | 27,2 | 40,7 | 40 | 695 | 563 | 1,03 | 100 |
| aussch.B. 2003 61J. | 173 | 10,4 | 27,7 | | | | 135 | 109 | | |
| Verbl. B. 2003 61J. | 497 | 40,5 | 32,2 | 27,3 | 40,6 | 40 | 560 | 454 | 0,83 | 100 |
| Ges.B. 2007 65J. | 490 | 45,4 | 34,4 | 29,7 | 42,8 | 40 | 650 | 527 | 0,89 | 100 |
| aussch.B. 2008 66J. | 72 | 5,4 | 30,9 | | | | 73 | 59 | | |

Die Gegenüberstellung der Bestandsdaten des ungleichaltrigen Fi - Mischbestandes Fl. 1 zu den gleichaltrigen Fi-Reinbeständen Fl. 2 u. 3 ergeben sich einige charakteristische Unterschiede:

- Der BG liegt im Mb höher als in den vergleichbaren Reinbeständen
- Sowohl der Gesamtvorrat, als auch der für die Fi bezogen auf die volle Fläche, ist im Mb unter den hier vorliegenden Mischungsgraden höher gegenüber den Rb. So ergibt sich, hochgerechnet auf einen ha Vollbestockung, folgende Gegenüberstellung der Vorräte 2007 für die Fi: Fi im Mb Fl. 1 (328 Efm.o.R.: 0,52) 631 Efm.o.R. Dem stehen gegenüber in Fl. 2 nur 472 Efm.o.R. und in Fl. 3 527 Efm.o.R.
- Der Durchmesser des Grundflächenmittelstammes dg ist für die Hauptbaumart Fi im Mb höher als in den vergleichbaren Fi-Rb. (37,8 cm zu 34,1 cm und 34,4 cm .
- Auch der Durchmesser des Oberhöhenstammes do nach Assmann ist bei der Fi im Mb am höchsten, allerdings nicht so deutlich wie der Grundflächenmittelstamm . (45,6 cm zu 44,5 cm und 42,1 cm)

Die Unterschiede im Volumenzuwachs für die Untersuchungsperiode wird im Folgenden untersucht.

## 2.10.2 Laufend jährlicher Volumenzuwachs Derbholz (ljz DH)

| Tab. 4 | | | | |
|---|---|---|---|---|
| | | 1999 - 2007 (9J.) | | |
| | | Vfm. | Efm.o.R. | % |
| Fl. 1 | Mb | 22,9 | 18,6 | 100 |
| Fl. 2 | Fi-Rb | 19,7 | 15,9 | 85 |
| Fl. 3 | Fi-Rb | 21,1 | 17,1 | 92 |

Innerhalb der 9-jährigen Untersuchungsperiode leistete der Mischbestand Fl. 1 einen um +9 bis +17 % höheren Volumenzuwachs. In Fl. 2 wirkt sich eine unbestockte größere Bruchlücke aus dem Jahre 1981 vorrats- und zuwachsmindernd aus.

Für Fl. 1 wird in folgender Tabelle 5 untersucht, welchen Anteil die einzelnen Baumarten am Zuwachs haben.

| Tab. 5 | | | |
|---|---|---|---|
| Fl. 1 - ljz DH nach Baumarten | | | |
| | 1999 - 2007 (9J.) | | |
| | Vfm. | Efm.o.R. | % |
| Fi | 11,9 | 9,7 | 52 |
| Ta | 7,2 | 5,9 | 32 |
| Lä | 1 | 0,8 | 4 |
| Bu | 2,8 | 2,2 | 12 |
| Ges. | 22,9 | 18,6 | 100 |

Vergleicht man die Zuwachsanteile mit den Flächenanteilen aus Tab. 1, so wird die große Bedeutung einer Ta-Beimischung deutlich. Bei einem Flächenanteil von 19 bis 22 % leistet sie 32 % des Gesamtzuwachses.

Die Fi leistet zwar den höchsten Anteil am Gesamtzuwachs, in der Zuwachspotenz liegt sie allerdings hinter der Ta. Bei einem Flächenanteil der Fi von 52 bis 59 %, im Mittel 56%, liegt der Zuwachsanteil mit 52% gering darunter. Allerdings ist ihr absoluter Volumenzuwachs im Mb bezogen auf 1 ha Vollbestockung mit 17,3 Efm.o.R./ha höher als in den vergleichbaren zwei Fi-Rb. (9,7 Efm.o.R./ha : 0,56 =17,3 Efm.o.R./ha).

Der Zuwachs der Bu hat absolut einen geringeren Stellenwert. Gemessen an ihrem Flächenanteil von 16 bis 20 %, leistet sie nur 12 % des Gesamtzuwachses. Die größere Bedeutung der Bu liegt in ihrer indirekten Wirkung auf den Mehrzuwachs bei Fi und Ta durch Verbesserung der ökologischen vor allem der Standortsbedingungen (z.B. Humuszustand, Durchwurzelung, Nährstoffaufschluss, Bodenorganismen, Windruhe ).

Für eine nachhaltige Produktion ist eine Buchenbeimischung in jedem Falle unerlässlich, gleichgültig wie hoch ihre eigene Zuwachsleistung ist.

Die spärlich beigemischte Lä kann bei entsprechender Qualität zur Werterhöhung beitragen.

Zusammenfassend kann festgestellt werden, dass die Flächenreihe Fl. 1 bis 3 die betriebswirtschaftlichen, die waldbaulichen und die ökologischen Vorteile eines Mischbestandes, vor allem mit den Mischbaumarten Ta und Bu, zur Fi untermauert.

Mit dem Umbau reiner Fichtenbbestände sollte in einem möglichst frühen Alterer begonnen werden.

## 2.10.3 Nutzungsanfall je ha

| Tab. 6 | | | | | | |
|---|---|---|---|---|---|---|
| | Fl. 1 Mb | | Fl. 2 Fi-Rb | | Fl. 3 Fi-Rb | |
| | Vfm. | Efm.o.R. | Vfm. | Efm.o.R. | Vfm. | Efm.o.R |
| 1997 | 114 | 94 | 71 | 58 | 105 | 85 |
| 2003 | 208 | 168 | 150 | 121 | 135 | 109 |
| 2008 | 116 | 95 | 96 | 78 | 73 | 59 |
| Ges. | 438 | 357 | 317 | 257 | 313 | 254 |

Die relativ hohen Nutzungen resultieren daraus, dass es sich nicht mehr um reine Pflegeeingriffe handelt, sondern schon um einen Übergang zur Verjüngungsnutzung mit einem notwendigen allmählichen Vorratsabbau. Sie entsprachen der vorgefundenen Bestockungssituationen und wurden nach waldbaulichen Gesichtspunkten ohne Schema und Schablone vorgenommen.

Beim Hieb 1997 stand in allen drei Flächen die Förderung guter und der bereits vorhandenen Baumgruppen bzw. die Einleitung einer Ta- NV im Vordergrund. Darüberhinaus spielten auch vorratspflegliche Gesichtspunkte eine Rolle.

Der besonders starke Hieb 2003 diente der Förderung des Höhenwachstums der Ta- und Fi-NV, um rasch aus der Verbisszone heraus zukommen, in den Fl. 2 und 3 auch zur Erzielung einer weiteren Ta-NV.

So starke Hiebe hätten beim Fehlen einer Naturverjüngung nicht durchgeführt werden dürfen. Auch bei einer gleichmäßigen Auflockerung hätte mit einer Wachstumsexplosion der Brombeere gerechnet werden müssen.

Damit sich das Bestandsgefüge und die Verjüngung festigen kann, haben die Eingriffe 2008 in den Fl. 1 und 2 lediglich den Zuwachs, bis zum erneuten Eingriff in fünf Jahren entnommen, in Fl. 3 wurde sogar unter dem Zuwachs geblieben.

Es ist geplant, die folgenden Nutzungen wieder stärker zu führen, um die Vorräte auf schätzungsweise 300 - 350 Efm.o.R./ha abzusenken und in dieser Größenordnung zu halten. Letztendlich wird sich die endgültige Höhe des anzustrebenden Vorrates aus der Zuwachsentwicklung und dem Lichtbedarf der heranwachsenden Baumgeneration ergeben.

Entscheidend ist, dass die Nutzungen nach dem Prinzip der Gruppenpflege ungleichmäßig, mit dichteren und lichteren Partien geführt werden. Damit erfolgt eine möglichst geringe Destabilisierung, es wird dem unterschiedlichen Lichtbedarf der Baumarten Rechnung getragen und auch eine Differenzierung in der Verjüngung ermöglicht.

## 2.11 XII 5 a° Streitham (Umbau zum Dauerwald aus einem Altbestand)

**Standort**: Wuchsgebiet Tertiäres Hügelland, 480 bis 500 m NN, Jahresniederschlag 7,9°C Jahresdurchschnittstemp., 60 % frischer Feinlehm, 30 % frischer Feinlehm mit Verdichtung im Unterboden, 10% mäß. frische bis frische, stark lehmige Sande und frische sandige Lehme, VZ: 70 Fi, 20 Bu, 10 Ta (Dgl) + Nebenbestand Bu (Li, HBu)

**Bestand**: Fi, Dgl-Altbestand 87 J., geschlossen, einschichtig, Kronenprozent 25-30 %, aber noch entwicklungsfähige zurückgebliebene Fi, rel. große Durchmesserspreitung, geringe Rotfäule

**Versuchsziel**: Umbau zum Dauerwald aus einem älteren Fichtenbestand über eine gruppenweise künstliche Vorausverjüngung (VV) von Bu und Ta und Naturverjüngung von Fi (Dgl) im langfristigen Femelschlag, späterer Übergang vom Femelschlag zur langfristigen Behandlung, Arbeiten unter Schirm ohne Rändelung und Abdecken der Verjüngung. Einbeziehung entwicklungsfähiger, schwächerer Fi.

### 2.11.1 Bestandsdaten

Tab. 1

Gesamtbestand zu Beginn des Umbaus 1984
Fläche: 3,32 ha

| | Alter | Bon. | N/ha | G/ha | dg | hg | VFm | EFm.o.R. | BG | Fl.ant. |
|---|---|---|---|---|---|---|---|---|---|---|
| | J. | | Stck. | qm | cm | m | je ha | je ha | | % |
| Fi | 87 | 36 | 621 | 56,1 | 33,9 | 31 | 795 | 644 | 0,99 | 88 |
| Dgl. | (58-87) 68 | I,0 | 37 | 6 | 45,6 | 36 | 90 | 71 | 0,14 | 12 |
| e Kie,Lä,Bu | | | | | | | | | | |
| Ges. | | | 658 | 62,1 | | | 885 | 715 | 1,13 | |

Verbleibender Bestand 2004

| | Alter | Bon. | N/ha | G/ha | dg | hg | VFm | EFm.o.R. | BG | Fl.ant. |
|---|---|---|---|---|---|---|---|---|---|---|
| | J. | | Stck. | qm | cm | m | je ha | je ha | | % |
| Fi | 107 | 36 | 212 | 34,4 | 45,4 | 33,5 | 547 | 443 | 0,6 | 85 |
| Dgl. | (78-107)88 | I,0 | 19 | 5,3 | 59,2 | 36 | 95 | 75 | 0,11 | 15 |
| e Kie,Lä,Bu | | | | | | | | | | |
| Ges. | | | 231 | 39,7 | | | 622 | 518 | 0,71 | |

Die Ausgangslage war ein überdichter Fi (Dgl) Altbestand. Der größte Teil der Dgl. befindet sich in einer jüngeren Gruppe (78 J.) im NO-Teil der Fläche, die älteren Dgl. stehen einzeln entlang der NO-SW verlaufenden Forststrasse.

Durch 8 Eingriffe wurde der BG auf 0,71 abgesenkt. Neben dem Oberbestand steht jetzt ein üppiger Jungbestand aus Bu, Ta, Fi, Dgl.

Folgende waldbaulichen Maßnahmen wurden im Einzelnen durchgeführt:

## 2.11.2 Beschreibung der durchgeführten waldbaulichen Maßnahmen

**1984**

- Anlage von Rückegassen im Abstand von 40 m,
- Gruppenschirmstellungen unter Ausnutzung vorhandener Lücken
- Vorsichtige Ablösung vom dahinter liegenden jüngeren Bestand 5 a2
- Nutzungsanfall: 125 EFm.o.R., 38 EFm.o.R./ha
- Pflanzung von grppw. VV von Bu und Ta entsprechend dem Standort

| | |
|---|---|
| 5 Buchengruppen, | 30 m Dm = 700 qm = 0,35 ha |
| 1 „ , | 11 m Dm = 100 qm = 0,01 ha |
| 3 Tannengruppen, | 26 m Dm = 530 qm = 0,16 ha |
| 1 „ , | 11 m Dm = 100 qm = 0,01 ha |

**1988**

- Nachlichten über den angelegten VV-grpp. unter Belassen von stabilen Altholzgruppen. Entnahme instabiler Fichten mit kleinen Kronen bzw. Rotfäule.
- weitere Ablösung von 5 a2 zur Förderung einer Traufbildung
- Nutzungsanfall: 105 EFm.o.R., 32 EFm.o.R./ha

**1994**

- weiteres Nachlichten über vorhandenen VV - gruppen
- Anlage neuer Gruppenschirmstellungen in der Bestandstiefe
- Nutzungsanfall 295 Efm.o.R., 89 Efm.o.R./ha
- Pflanzung der restlichen VV von Bu und Ta
- 5 Buchengruppen a. 700 qm = 0,35 ha
- 3 Tannengruppen a. 530 qm = 0,16 ha

**1995**

- Infolge Borkenkäferbefall (2 Nester ) musste ein erneuter Sanitärhieb mit einem Nutzungsanfall von: 349 Efm.o.R., 105 Efm.o.R./ha, durchgeführt werden.

**2000**

- Nachlichten über VV-grpp., im O und NO beginnende Zielstärkennutzung,
- kein vollständiges Abdecken auch der bereits 4-6 m hohen Verjüngung, Belassen entwicklungsfähiger Fichten über VV-grpp
- keine Rändelung
- Nutzungsanfall: 276 EFm.o.R., 83 EFm.o.R./ha

**2002**

- wie 2000, Nutzungsanfall 227 EFm.o.R. , 68 EFm.o.R./ha

**2003 und 2004 Entn. Käferbefall**

- 81 EFm.o.R., 24 EFm.o.R./ha

**2005**

- wie 2000, Nutzungsanfall 248 Efm.O.R., 75 EFM.o.R./ha

Geplant ist ein weiterer kontinuierlicher Abbau der Vorrates auf schätzungsweise 300 bis 350 Efm.o.R/ha, wobei eine zunehmende Verzahnung zwischen dem abnehmenden Altholzvorrat und dem zunehmenden Jungholzvorrat erfolgen wird. Die endgültig anzustrebende standörtlich optimale Vorratshöhe wird die Zuwachsentwicklung ergeben.

Der wesentliche Unterschied des hier vorgenommenen Umbaues zum klassischen Femelschlag ist der, dass die Nachlichtungen nicht in einem Räumen über den Vorausverjüngungen und eine Erweiterung durch Rändeln erfolgt, sondern es verbleibt in den Verjüngungsgruppen ein lichter Schirm entwicklungsfähiger Fichten, vor allem von stabilen Gruppen.

Damit wird auf der gesamten Fläche produziert, das gesamte Durchmesserspektrum für den Zuwachs ausgenutzt, durch die Schirmwirkung eine Protzenbildung beim Bu-Jungwuchs verhindert, insgesamt der Pflegeaufwand reduziert. Ein solcher langfristiger Umbau in älterer Fichte ist aber nur unter gewissen Voraussetzungen möglich:

- rel. stabiler Standort
- die Fi muss Standort-gerecht sein
- die Fi muss gesund sein, d.h. kein zu hoher Rotfäuleanteil
- die Fi muss eine große Durchmesserspreitung mit noch entwicklungsfähigen, schwächeren Bäumen aufweisen.

## 2.11.3 Zusammenstellung der Verjüngungsflächen

Tab. 2

| BA | Anz. Grpp. | qm | ha | |
|---|---|---|---|---|
| | Stck. | je Grpp. | Ges. | % |
| VV Bu | 10 | 700 | 0,7 | |
| | 1 | 100 | 0,01 | |
| | | | | |
| Sa. BU | 11 | | 0,71 | 21 |
| VV Ta | 6 | 520 | 0,31 | |
| | 1 | 100 | 0,01 | |
| | | | | |
| Sa. Ta | 7 | | 0,33 | 10 |
| | | | | |
| Fi (Dgl.) NV | | | 2,28 | 69 |

Durch die durchgeführten VV von Bu u. Ta wird der künftige Bestand nur 69% Fi (Dgl) Flächenanteile betragen. Darin wird die Fläche der Dgl. mit ca. 12% etwa gleichgroß bleiben, der Flächenanteil der Fi wird jedoch von 88 auf rd. 57 % reduziert.

Durch den seit 20 Jahren betriebenen Umbau, steht jetzt anstelle eines einschichtigen Fi- Reinbestandes mit einer Gruppe Dgl-Beimischung, ein zweischichtiger Mischbestand mit einer noch zuwachskräftigen Oberschicht und einer sich gut entwickelnden, stufig aufgebauten jungen Generation.

Inwieweit durch den unterschiedlich dicht stehenden Altbestand eine bleibende Höhendifferenzierung in der Verjüngung erfolgen wird, bleibt der weiteren Entwicklung überlassen.

### 2.11.4 Zusammenstellung der Nutzungen

Tab. 3

| Jahr | | | | Efm.o.R. Ges. | Efm.o.R. je ha |
|---|---|---|---|---|---|
| 1984 | | | | 125 | 38 |
| 1988 | | | | 105 | 32 |
| 1994 | | | | 295 | 89 |
| 1995 | (Käferbefall) | | | 349 | 105 |
| 2000 | | | | 276 | 83 |
| 2002 | | | | 227 | 68 |
| 2003 | (Käferbefall) | | | 71 | 21 |
| 2004 | (Käferbefall) | | | 10 | 3 |
| **Sa.** | | | | **1458** | **439** |
| 2005 | | | | 248 | 75 |

Einschließlich der Käferholzeinschläge wurden bis zum Jahre 2005 9 Eingriffe vorgenommen, im Durchschnitt 57 Efm.o.R. je ha und Eingriff, im Turnus von 1 bis 6 Jahren. Die Entnahmemenge für die 6 regulären Nutzungen ohne Borkenkäferhiebe betrug im Durchschnitt je Eingriff 64 Efm.o.R. je ha .

Der Käferbefall hat i.w. zwei Löcher von jeweils rd. 500 qm verursacht, die aber die planmäßige Fortsetzung der waldbaulichen Zielstellung nicht beeinträchtigen und zu einer Ungleichaltrigkeit durch eine mögliche spätere Verjüngung beitragen. Trotz Käferbefalls waren die Vorräte zur letzten Bestandsaufnahme 2004 mit 518 Efm.o.R./ha noch relativ hoch.

### 2.11.5 Laufend jährlicher Volumenzuwachs DH je ha (ljz./ha)

Der laufend jährliche Volumenzuwachs DH (ljz. DH)für die Untersuchungsperiode 1985 bis 2004 (20 J.)wird als ertragsgeschichtlicher Zuwachs wie folgt berechnet:

Zv = (V2 - V1) + Zw : J

Tab. 4

| | | | | |
|---|---|---|---|---|
| jzv Ges.(1985-2004) | = | 518 - 715 + 439 | = | 12,1 EFm.o.R./J./ha |
| davon Fi | = | 443 - 644 + 399 | = | 9,9 „ |
| davon Dgl | = | 75 - 71 + 40 | = | 2,2 „ |

Der Volumenzuwachs ist mit 12,1 Efm.o.R./ha, trotz der Absenkung des BG auf 0,71, noch sehr hoch und liegt gegenüber der Fi Ertragstafel Assmann/Franz OH-Bon. 36 für die gleiche Beobachtungsperiode (10,3 Efm.o.R./ha) bei 117 %.

## 2.11.6 Kalkulation - Kosten – Erlös – Gewinn

Die nachstehende Kalkulation kann nur gutachtlichen Charakter haben. Für die VV von Bu und Ta liegen zwar die real entstandenen damaligen Pflanzen- und Pflanzungskosten zugrunde, aber für den Holzeinschlag und den Verkaufserlös wurden nicht die Kosten und Erlöse des Einzelhiebes im betreffenden Jahr angesetzt sondern die des Jahres 2005 für die gesamte Nutzungsmenge.

Unter Beachtung genannter Einschränkungen, kann aber die vorgenommene Kalkulation doch einen Einblick in den wirtschaftlichen Erfolg der hier vorgenommene Umbaumaßnahmen geben.

| Tab. 5 | | |
|---|---|---|
| Holzeinschlag | | |
| Werbungskosten | 12,00 €/Efm.o.R. x 1706 Efm. | 20 472 € |
| Rücken | 6,00 €/Efm.o.R. x 1706 Efm. | 10 236 € |
| Ges. | | 30 708 € |
| | | |
| Holzverkaufserlös | | |
| Ges. | 60,00 €/Efm.0.R. x 1706 Efm. | 102 360 € |
| Erntekostenfreier Erlös | | 71 652 € |
| Erntekostenfr. Erl./J/ha | (71652 € : 3,32 ha : 26 J.) | 830 € |
| | | |
| Verjüngungskosten | (ohne Zaun) | 6 281 €* |
| | | |
| Gewinn | | |
| Ges. | (71652 - 6281) | 65 371 € |
| Gewinn /J./ha | (65371 € : 3,32 ha : 26 J.) | 757 €° |
| * berechnet von DM, ° bis zum geplanten nächsten Einschlag 2010 | | |

## 2.11.7 Weitere waldbauliche Planung

Nach 20 Jahren waldbaulicher Tätigkeit kann festgestellt werden, dass es gelungen ist, einen älteren Fichtenreinbestand ohne Zuwachsverluste und mit gutem wirtschaftlichen Ergebnis zum Dauerwald zu überführen. Da der Vorrat noch relativ hoch ist, kann auch in Zukunft mit einem hohen wirtschaftlichen Erfolg gerechnet werden.

Es ist geplant, die Nutzungshöhe für das nächste Jahrzehnt im 5 jährigen Turnus auf rd. 80 bis 100 Efm.o.R pro ha je Eingriff zu steigern. Der weitere Abbau des Altholzvorrates richtet sich nach seinem Gesundheitszustand und der Entwicklung der neuen Generation. Es findet eine immer stärkere Verzahnung von Nutzung, Pflege und Verjüngung statt.

# 3. ERGEBNISSE VON WALDWACHSTUMSKUNDLICHEN FICHTEN-VERSUCHSFLÄCHEN IN DER HOCHMONTANEN -> 1100 (1000) - 1400 (1300) mNN UND DER MITTLEREN MONTANEN HÖHENSTUFE > 800 – 1100 (1000) mNN

## 3.1 Rottenpflege, Gruppenpflege

Mit steigender Höhenlage und extremeren Witterungseinflüssen ist die Waldstruktur durch zunehmende Zusammenballungen der Bäume gekennzeichnet. So findet man im subalpinen aber auch im hochmontanen Bereich eine ausgeprägte Rottenstruktur vor.

Auch in tieferen Lagen, bis in den kollinen Bereich hinein (< 450 m NN), sind solche abgeschwächten Rottenbildungen vorhanden, die wir aber dann nicht mehr als Rotten, sondern in Anlehnung an Busse, als Gruppen bezeichnen.

Große Teile des Bergwaldes sind Schutzwald, d.h. dass die Schutzfunktion im Vordergrund steht. Er muss so bewirtschaftet werden, dass er höchstmöglich vor Bodenerosion und Lawinen schützt.

Es gibt eine Reihe von Untersuchungen über Aufbau und notwendige waldbauliche Behandlung im Bergwald, auf die zurückgegriffen werden kann, so z.B. BISCHOFF (6), KUOCH (26), SCHÖNENBERGER (49), ZELLER (53), MLINSEK (34), MAYER/OTT (33).

Als allgemeiner Grundsatz gilt, dass gleichförmig aufgebaute Bestände diese Schutzfunktion nicht ausüben können. Den höchstmöglichen Schutz bietet eine Bestockung mit einem durchlässigen System aus einem Mosaik aus Bestockung und kleinen Freiflächen

Die ungleichmäßig gestockten Teile können größere Lawinenansätze in kleinere Kräfte zerteilen und eine bremsende Wirkung ausüben. Lawinen können somit, mit verminderter Kraft und abgebremst, talwärts fließen.

MLINSEK (34) konnte nachweisen, dass mit zunehmender Dichte der Bäume in der Rotte auch die Widerstandskraft gegen äußere Witterungseinflüsse zunimmt. Die Rotte bildet eine gemeinsame Rottenkrone aus, welche widerstandsfähiger als eine Einzelkrone ist.

Es ist klar, dass eine gleichmäßige Dickungspflege und ZB-Durchforstung keinen Platz im Bergwald haben darf.

Der Bergwald braucht eine Pflegekonzeption der geringsten Destabilisierung, d.h. dass gewachsene Gruppierungen nicht auseinandergerissen werden dürfen. Die Hauptaufgabe der Pflege liegt in der Förderung jeder sich bietenden Ungleichmäßigkeit, vor allem der horizontalen Struktur durch Rottenpflege bzw. Gruppenpflege.

Der Pflegeturnus ist infolge des sehr langsamen Wachstums im hochmontanen Bereich extensiv. Da jeder Eingriff auch eine Destabilisierung bedeutet, sollten diese möglichst selten, aber zur rechten Zeit erfolgen. Der richtige Zeitpunkt für einen notwendigen Pflegeeingriff ist dann gegeben, wenn ein Bestand zur Gleichschichtigkeit tendiert, wenn die Rotten- oder Gruppenstruktur bzw. Mischung drohen verloren zu gehen.

Die Rottenpflege wurde wie folgt vorgenommen:

1. In der Rotte Entnahme nur destabilisierender Bäume, wie schiefe, krumme, sonst dichtlassen.
2. Förderung der Rotte vom Rande her. Entnahme bedrängender Bäume aus den Zwischenteilen zwischen den Rotten
   - um die Träufe um die Rotten zu erhalten
   - um die Freiflächen zwischen den Rotten zu erhalten bzw. auszubauen (durchlässiges System, unterschiedlich hohe Schneeauflagen)
3. Belassen vorhandener ehemaliger Zwischenständer aus dem Vorbestand als Überhälter (Ü) für Höhendifferenzierung und Altersunterschiede, ökologische Bedeutung als potenzielle spätere Altbäume und Totholz.

Die Pflege in der mittleren montanen Höhenstufe erfolgt nach den Prinzipien der Gruppenpflege nach Ziff. 1.4. Im Unterschied zum tieferliegenden submontanen Bereich weisen die Bestände eine deutlichere Höhendifferenzierung und Gruppenstruktur auf.

Da aber in diesen Höhenlagen infolge noch extremer Witterungseinflüsse ein gedämpftes Wachstum zu verzeichnen ist, wird der Pflegeturnus entsprechend länger sein. Es gilt auch hier, möglichst wenig zu destabilisieren und nur bei Notwendigkeit einzugreifen.

Unter welchen Bedingungen ein Pflegeeingriff notwendig ist oder wann vorübergehend Pflegeruhe eintreten kann, soll folgende Zusammenstellung verdeutlichen:

**Kriterien für Prioritäten der Pflegedringlichkeit in der Montanen Stufe**

Abhängig von der Ausgangssituation sind verschiedene Kriterien zu beachten, wobei die Erhöhung der Stabilität im Vordergrund steht:

1. **Fichtenreinbestände**
   Beurteilung der Struktur (Ungleichaltrigkeit, Durchmesserspreitung, Schichtung, Rotten- und Gruppenbildung sowie der Bekronung).

1.1 Sind die genannten Strukturen mit vitalen, gesunden Bäumen vorhanden, so kann eine Pflege vorerst zurückgestellt werden.

1.2 Ist die Bekronung von GrAB über 40 %, so kann ebenfalls eine Pflege vorerst aufgeschoben werden.

1.3 Bei Pflegerückständen mit fehlenden Strukturelementen bzw. in geschälten Beständen muss dagegen eine Pflege zur Erzielung einer Struktur durchgeführt werden.

2. **Mischbestände**
   Beurteilung vor allem der Mischungsform

2.1 Bei Einzelmischung ist vor allem die Wuchsrelation zwischen den Baumarten einzuschätzen. Wenn z.B. einzeln beigemischte Laubbäume gegenüber der Fichte unterlegen sind, muss zugunsten der Lbb. eingegriffen werden.

2.2 Bei einer trupp- bis gruppenweisen Mischung ist die Konkurrenzsituation abgemildert, es kommt nicht so rasch zu einem Überwachsen einer Baumart, eine Pflege kann zurückgestellt werden.

Zusammenfassend kann folgende Reihung für eine Pflegedringlichkeit aufgestellt werden:

1. Mischbestände mit Einzelmischung
2. Bestände mit fehlender Struktur (Mischung, Durchmesserspreitung, Schichtung, Rotten- und Gruppenbildung) sowie Pflegerückstände mit zurückgehender Bekronung
3. geschälte Bestände
4. Mischbestände mit trupp- bis gruppenweiser Mischung.
5. Reinbestände mit noch ausreichender horizontalen- und vertikalen Struktur sowie einer Bekronung der Fi von > 40%.

## 3.2 1 b3 Hinterschwarzachen Fl. 1, 2, 3

Standort: Wuchsgebiet Bayerische Alpen, Landschaftsgruppe Bayerische Kalkalpen, Wuchsbezirk Chiemgauer Alpen, ca.1140 m NN, rd. 1800 mm Jahresniederschlag, rd. 5° Jahresdurchschnittstemp., mittelgründige Rendzina mit hohem Skelettanteil, mittlere Nährstoffversorgung, mäßig frisch mit Austrocknung im Sommer, 25 - 30° nach S geneigt.

Bestand: Fichtenpflanzung nach Kahlschlag, Anlage von 3 Versuchsflächen 1991 im Alter von 30 Jahren, Fl. 1 ist die unbehandelte 0- Fl., in Fl. 2 und 3 wurde 1991 und 1992 eine Rottenpflege durchgeführt. Leider wurde einige Jahre vor Versuchsbeginn eine schwache Dickungspflege nach dem Prinzip einer gleichmäßigen Standraumregulierung vorgenommen. Auf die Rottenbildung hatte dieser Eingriff keinen Einfluss, die Baumabstände in den Rotten wären allerdings ohne diese Maßnahme etwas enger.

In einer Diplomarbeit (30) erfolgte mit Stand 1992 eine Vollaufnahme auf der Hälfte der Flächen am Oberhang, in einer weiteren Diplomarbeit (14) wurde mit Stand 1993 die weitere Hälfte am Unterhang aufgenommen. Die hier ausgewiesenen Bestandsdaten beziehen sich auf die jeweilige gesamte Versuchsfläche.

Versuchsziel: Auswirkung einer Rottenpflege auf eine nachhaltige Strukturverbesserung, Pflegeturnus und Eingriffsstärke zur Erhaltung der Rottenstruktur.

### 3.2.1 Bestandsdaten

Tab. 1

| | | Fl. 1 0-Fl* | Fl. 2 | Fl. 3 |
|---|---|---|---|---|
| | | | Rottenpf. | Rottenpf. |
| Rottenpf. 1991/92 | Stck./ha | - | 645 | 815 |
| Verb.B. 1992/93 | | | | |
| Verb, B. | Stck./ha | 4111 | 4212 | 4893 |
| mittl. H | m | 3,4 | 3,3 | 2,8 |
| Anzahl Rotten | Stck./ha | - | 200 | 226 |
| Bäume je Rotte | Stck. | - | 17 | 18 |
| durchsch. Abstand i.d. Rotte | cm | - | 81 | 75 |
| Fläche je Rotte | qm | - | 26 | 24 |
| Rottenfl. von Gesamtfläche | % | - | 51 | 54 |
| Freifl. zwischen d. Rotten | % | - | 49 | 46 |
| (tlw. mit einzelnen Bäumen) | | | | |
| * in der 0-Fl. wurden keine Rotten ausgewiesen | | | | |

Die Flächengröße und Anzahl der Rotten entspricht der in diesen Versuchsflächen vorhandenen kuppierten Geländeausformung und wird unter anderen Bedingungen auch davon abweichen.

Der jetzt schon niedrige Baumabstand in den Rotten wäre ohne der vor der Versuchsanstellung erfolgten Standraumregulierung noch enger.

Trotz der hohen Stammzahlen weisen die Flächen auch einen erstaunlich hohen Freiflächenanteil zwischen den Rotten auf. Dies weist auf eine deutliche horizontale Strukturierung hin, wie das in folgender Abb. 1 zum Ausdruck kommt.

### 3.2.2 Rottenstruktur

Abb. 1 zeigt einen Bestandsausschnitt von Fl. 3 (oberer Teil).

Abb. 1

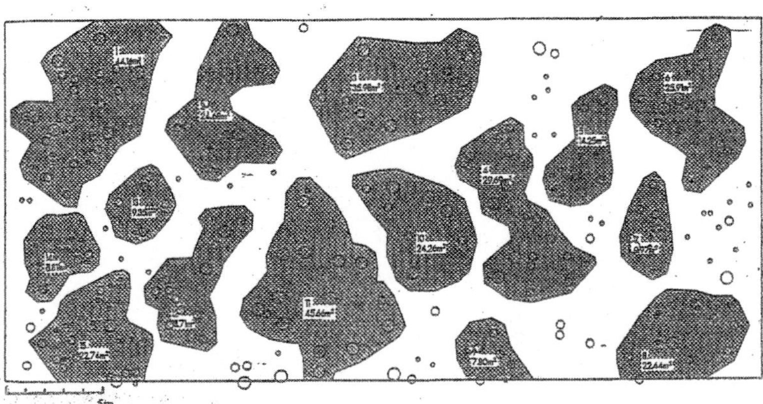

Eine solche Rottenstruktur, wie sie aus Abb. 1 ersichtlich ist, vermag die Stabilität der Bestockung zu erhöhen und die Lawinengefahr zu minimieren. Im Einzelnen ergeben sich folgende Wirkungen:

- Durch die versetzten Rotten erfolgt eine bremsende Wirkung der Schneebewegungen
- Das unterbrochene Kronendach lässt keine größeren Schneebretter entstehen und führt zu ungleichmäßig hohen Schneeauflagen
- Damit werden große Schubkräfte in kleinere Kräfte zerteilt
- Durch ungleichmäßige Schneehöhen und Dichtstand in den Rotten erfolgt eine festere Verankerung des Schnees.
- Die Widerstandskraft der Bestockung gegen äußere Einwirkungen wird durch die ungleichmäßige horizontale und vertikale Stufigkeit sowie durch Innenträufe erhöht.

Die Freiflächen sind ein wichtiger Bestandteil der Rottenstruktur. Ihre Größe sollte jedoch der Schneehöhe und Steilheit des Geländes angepasst sein, da mit zunehmender Freiflächengröße auch ein erhöhter Schneeschub erfolgt, der vor allem an den bergseitigen Rottenrändern einen mehr oder weniger starken Säbelwuchs verursacht.

In vorliegenden Flächen waren vor Versuchsanlage schon zahlreiche solche Säbelwüchse ausgeprägt, so dass die Pflegeeingriffe in Fl. 2 und 3, auch mit Blick auf eine evtl. zunehmende Schädigung, vorgenommen worden sind.

Zur weiteren Stabilisierung der Schneeauflagen sind weiterhin in den Freiflächen nicht alle Fichten entnommen worden, sondern einige zurückgebliebene, niedrigere Bäumchen, die den Höhenvorsprung der Rotten auch langfristig nicht einholen werden, blieben stehen. Auch erfolgte die Entnahme nicht erdgleich, sondern in Arbeitshöhe. Auch diese belassenen Stammabschnitte tragen bis zu ihrer Vermorschung, zur Stabilisierung von Schneeauflagen bei.

Seit dem letzten Eingriff sind 18 Jahre vergangen. Da die Rottenstrukturen noch deutlich zu erkennen sind, besteht keine Notwendigkeit einer erneuten Pflege. Diese wird zu einem späteren Zeitpunkt, verbunden schon mit einer kostendeckenden Holzwerbung, notwendig werden.

## 3.3 10 c3 Sackgraben Südhang Fl. 1, 2

Standort: Wuchsgebiet Bayerische Alpen, Wuchsbezirk Chiemgauer Alpen, 940 - 970 m NN, rd. 1800 mm mittl. Jahresniederschlag, 5° Jahresdurchschnittstemperatur, Gefährdung durch Nassschnee und Föhnstürme, Hauptwindrichtung W u. NW, Grundgestein Dolomit, mittelgründige Rendzina mit einer Verwitterungsdecke von 20-40 cm (Ah und Cv Horizont), mäßig trocken bis mäßig frisch, mittl. bis gute Nährstoffversorgung, hoher Skelettanteil, 28° nach S/SW geneigt.

Bestand: Fichtenpflanzung nach Kahlschlag, Anlage von 2 Versuchsflächen: 1992 im Alter von im Durchschnitt 50 Jahren, VFl.1 als GrPf., VFl.2 unbehandelte 0 – Fl.

Versuchsziel: Gruppenpflege im Bergwald, Umbau zum Dauerwald.

### 3.3.1 Fläche 1 Gruppenpflege

In folgender Fl. 1 erfolgte bisher nur eine Vollkluppung 2004, so dass noch keine Aussagen über den Volumenzuwachs gemacht werden können. Da jedoch 2003 eine Auswahl und Aufnahme der GrAB vorgenommen und diese auch 2005 und 2007 gekluppt worden sind, kann wenigstens, wenn auch nur für 4 Jahre, eine Aussage über den Durchmesserzuwachs der GrAB getroffen werden.

#### 3.3.1.1 Bestandsdaten

Tab. 1: GrPf ausscheidender Bestand

| | N/ha | G/ha | dg | hg | Bon. | V/DH / ha | |
|---|---|---|---|---|---|---|---|
| | Stck. | qm | cm | m | | Vfm. | Efm.o.R. |
| | | | | | | | |
| Fi 1992 (39-63) 50 J. | 203 | 2,7 | 13 | | | 21 | 17 |
| Fi 2004 (51-75) 62 J. | 382 | 7,9 | 16,2 | 15,4 | | 70 | 57 |
| Bu Ü* 2004 150 J. | 8 | 1,6 | 49,6 | | | 24 | 20 |
| Sa. 2004 | 390 | 9,5 | | | | 94 | 77 |

* großkronige Überhälter aus dem Vorbestand

Da der Bestand zum Zeitpunkt der Versuchsanlage sehr dicht bestockt war und die Fichten tlw. schwach entwickelte Kronen aufwiesen, ist die erste Pflege 1992 vorsichtig geführt worden. Nach einer Erholungsphase von 12 Jahren war es möglich, den folgenden Eingriff kräftiger zu führen, wobei auch die zu reichlich vorhandenen Bu-Überhälter reduziert werden konnten. Nach dem letzten Eingriff setzte eine tlw. üppige Ahornverjüngung in den entstandenen Lücken ein.

Der verbleibende Bestand 2004 weist folgende Bestandsdaten auf:

Tab. 2: Verbleibender Bestand 2004
Fi (51-75) 62 J., Fi, Ta Ü 150 J., Bu, Ah, Es, Ul (51-75 J.) 62 J., Bu, Ah Ü 150 J.

| | N/ha | G/ha | dg | hg | do | ho | Bon.* | V/ DH / ha | | BG* | Fl.-ant. |
|---|---|---|---|---|---|---|---|---|---|---|---|
| | Stck. | qm | cm | m | cm | m | | Vfm. | Efm.o.R. | | % |
| | | | | | | | | | | | |
| Fi | 1050 | 25,1 | 17,4 | 15,9 | 26,9 | 17,6 | II,5 | 208 | 168 | 0,66 | 92 |
| Bu (Ah, Es, Ul) | 46 | 1,3 | 19,2 | 15 | | | III,0 | 12 | 10 | 0,06 | 8 |
| Fi Ü | 8 | 1,3 | 45 | | | | | 18 | 15 | | |
| Ta Ü | 4 | 1,2 | 62,8 | | | | | 18 | 15 | | |
| Bu, BAh Ü | 21 | 6,1 | 61 | | | | | 96 | 81 | | |
| Ges. | 1129 | 35 | | | | | | 352 | 289 | 0,72 | 100 |

*Bon. u. BG Fi nach ET Fi-Guttenberg 1915, Bu (Ah, Es, Ul)nach ET Bu-Wiedemann mäß. Dfg. 1931

Die Überhälter (Ü) nehmen mit 111 Efm.o.R./ha einen großen Massenanteil von 38% ein. Bei den nächsten Pflegeeingriffen ist eine weitere maßvolle Reduzierung auf gutachtlich ca. 20% des Gesamtvorrates geplant. Die Entnahmemenge hängt aber auch von der weiteren Entwicklung des Bestandes ab, vor allem von einer einsetzenden Verjüngung.

Bei einer Beurteilung von Überhältern sollte auch immer die hohe ökologische und waldbauliche Bedeutung dieser alten Bäume in Betracht gezogen werden (Biotopbäume, Altersunterschiede, Höhendifferenzierung, Mischung, potenzielles Totholz).

Im Jahre 2003 wurden insgesamt 290 GrAB je ha ausgewählt, davon 282 Fi, 4 Bu und 4 Es. Für die 282 Fi ergibt sich bis 2007 ein durchschnittlich jährlicher Durchmesserzuwachs von 0,13 cm, für die 100 stärksten Fi je ha ein solcher von 0,23 cm je Jahr.

## 3.3.2 Fläche 2 - 0-Fl.

### 3.3.2.1 Bestandsdaten und Volumenzuwachs

Tab. 1: Gesamt - Bestand 2004
Fi, Lä (51-75) 62 J., Bu, Ah (51-75) 62 J. Bu, Ah Ü 150 J.

| | N/ha | G/ha | dg | hg | do | ho | Bon.* | V/ DH/ha | | BG* | Fl.-ant |
|---|---|---|---|---|---|---|---|---|---|---|---|
| | Stck. | qm | cm | m | cm | m | | Vfm. | Efm.o.R. | | % |
| Fi | 1184 | 29,5 | 17,8 | 16,1 | 27,9 | 17,6 | II,5 | 250 | 202 | 0,65 | 81 |
| Bu (Es, Ul) | 126 | 2,7 | 16,4 | 14,1 | | | III,5 | 20 | 17 | 0,13 | 16 |
| Lä | 11 | 0,5 | 24,3 | 20,9 | | | II,5 | 5 | 4 | 0,02 | 3 |
| Bu, Ah Ü | 44 | 8,2 | 49 | | | | | 123 | 104 | | |
| Ges. | 1365 | 40,9 | | | | | | 398 | 327 | 0,8 | 100 |

*Bon. u. BG Fi nach ET Fi-Gutteng.berg 1915, Bu (s.Lbb.) nach ET Bu-Wiedemann mäß. Dfg. 1931

Tab. 2: Gesamt - Bestand 2007
Fi, Lä (54-79) 65 J., Bu, Ah (54-79) 65 J., Bu, Ah Ü 153

| | N/ha | G/ha | dg | hg | do | ho | Bon.* | V / DH/ha | | BG* | Fl.-ant. | zv/J/ha |
|---|---|---|---|---|---|---|---|---|---|---|---|---|
| | Stck. | qm | cm | m | cm | m | | Vfm. | Efm.o.R. | | % | Efm.o.R. |
| Fi | 895 | 30,8 | 20,9 | 18,6 | 28,8 | 19,8 | II,5 | 294 | 238 | 0,71 | 84 | 12 |
| Bu (Es, Ul) | 87 | 2,4 | 18,7 | 15,1 | | | III,5 | 20 | 17 | 0,12 | 14 | 0 |
| Lä | 11 | 0,6 | 26,1 | 21,8 | | | II,5 | 6 | 4 | 0,02 | 2 | 0 |
| Bu, Ah Ü | 44 | 8,5 | 49,8 | | | | | 128 | 108 | | | 1,3 |
| Ges. | 1037 | 42,3 | | | | | | 448 | 367 | 0,85 | 100 | 13,3 |

*Fi Bon. u. BG nach ET Fi-Guttenberg 1915, Bu (Es, Ul) nach ET Bu-Wiedemann mäß. Dfg. 1931

Gemessen an der Fi – Ertragstafel Guttenberg zeichnet sich die ungepflegte 0-Fl. durch eine hohe Vorratshaltung mit 367 Efm.o.R./ha aus, wobei der Anteil der Überhälter mit 108 Efm.o.R./ha beträchtlich ist. Bemerkenswert ist auch der rel. hohe Bu- (Es.Ul)Anteil. Auch der Volumenzuwachs liegt mit + 33% über dem Tafelwert für Fi.

Hinsichtlich der horizontalen Struktur jedoch macht sich die unterlassene Pflege schon insofern bemerkbar, als Bestandsteile die Tendenz zur Einschichtigkeit deutlich erkennen lassen. Diese negative Entwicklung durch den Dichtstand, zeigt sich auch schon im beträchtlichen Rückgang der Anzahl von Fichten, vor allem auch von Laubbäumen in der nur kurzen Beobachtungszeit von 3 Jahren.

## 3.4 4 a3 Hirschleck

Standort: Wuchsgebiet: Bayerische Alpen, Landschaftsgruppe Bayerische Kalkalpen, Wuchsbezirk: Chiemgauer Alpen, 970 – 990 m NN, 1800 mm Jahresniederschlag, 5° mittlere Jahrestemperatur, Hauptwindrichtung W u. NW, Gefährdungen durch Nassschnee und Föhnstürme, Grundgestein Dolomit, mittelgründige Rendzina mit einem Verwitterungshorizont 30 – 60 cm (Ah u. Cv), mäßig trocken bis mäßig frisch, mittel bis gute Nährstoffversorgung, hoher Skelettanteil, 25° nach S geneigt.

Bestand: Fichtenpflanzung nach Saumschlag, Anlage einer Versuchsfläche 1991 mit einer GrPf in der Wachstumsphase. Erste Vollkluppung 1996 im Alter von 70 Jahren.

Versuchsziel: Gruppenpflege im Bergwald, Umbau zum Dauerwald

### 3.4.1 Bestandsdaten und Volumenzuwachs

Tab. 1

| Gruppenpflege - ausscheidender Bestand 1991 (65 J.): 93 VFm/ha = 75 Efm.o.R./ha<br>davon: 17 Efm.o.R. ZE, 30 Efm.o.R. zur Förd.v. Lbh., 28 Efm.o.R. zur Gruppenförderung |
|---|

Gesamtbestand 1996 70 J.

| | N/ha | G/ha | dg | hg | do | ho | Bon.* | V / ha | | BG* | Fl.ant. |
|---|---|---|---|---|---|---|---|---|---|---|---|
| | Stck. | qm | cm | m | cm | m | | VFm. | Efm.o.R. | | % |
| | | | | | | | | | | | |
| Fi | 1004 | 43,7 | 25 | 21,6 | 35,7 | 23 | II,0 | 472 | 382 | 0,87 | 73 |
| Lä | 33 | 3,7 | 37,9 | 25 | | | II,0 | 47 | 34 | 0,14 | 12 |
| Bu (Ul) | 121 | 4,2 | 22 | 17,2 | | | III,0 | 40 | 34 | 0,18 | 15 |
| Ges. | 1158 | 51,6 | | | | | | 559 | 450 | 1,19 | |

Gruppenpflege –ausscheidender Bestand 2005 79 J.

| | N/ha | G/ha | dg | hg | do | ho | V/DH/ha | |
|---|---|---|---|---|---|---|---|---|
| | Stck. | qm | cm | m | cm | m | VFm. | Efm.o.R. |
| | | | | | | | | |
| Fi | 254 | 10,8 | 23,3 | 21,8 | | | 112 | 91 |

Gesamtbestand 2007 81 J.

| | N/ha | G/ha | dg | hg | do | ho | Bon.* | V/DH/ha | | BG* | Fl.ant. |
|---|---|---|---|---|---|---|---|---|---|---|---|
| | Stck. | qm | cm | m | cm | m | | Vfm. | Efm.o.R. | | % |
| | | | | | | | | | | | |
| Fi | 585 | 42,2 | 30,3 | 23,5 | 39,9 | 25,4 | II,0 | 500 | 405 | 0,78 | 69 |
| Lä | 33 | 4,6 | 42,2 | 27,8 | | | II,0 | 60 | 43 | 0,17 | 15 |
| Bu (Ul) | 77 | 4,6 | 27,5 | 19,5 | | | III 0 | 51 | 43 | 0,18 | 16 |
| Ges. | 695 | 51,4 | | | | | | 611 | 491 | 1,13 | |

*BG u.Bon. Fi ET Guttenberg 1915, Bu ET Wiedemann mäß. Dfg. 1931, Lä ET Schober mäß., Dfg. 1946

Der laufend jährl. Volumenzuwachs DH betrug für die 11-jährige Untersuchungsperiode 14,9 Vfm bzw. 12,0 Efm.o.R., ds. +15 % mehr gegenüber der Fi -ET Guttenbeerg.

Der starke Rückgang der Stammzahl im Laubholz resultiert aus Abgängen der meisten Ulmen und auch schwach entwickelter Buchen. Bei künftigen Pflegemaßnahmen müssen die verbliebenen Laubbäume und auch Lärchen weiterhin besonders gefördert werden, um diesen Anteil auf Dauer zu erhalten.

Im Laufe von 11 Jahren hat sich die Anzahl an Fichten auf 58 % verringert, in absoluten Zahlen ist es eine Abnahme von 419 Stck./ ha. Davon hat die aktive Pflege einen Anteil von 254 Stck/ha, d.s. 61 %. Der natürliche Ausfall von 165 Stck./ha, d.s. immerhin 39 %, ist sehr hoch und zeigt die Auswirkung der extremen Witterungseinflüsse im Bergwald.

Dies führt zu einer natürlichen horizontalen - und vertikalen Differenzierung der Bestockungen und ist typisch für die mittleren und oberen Berglagen von > 800 – 1400 m NN.

### 3.4.2 Horizontale und vertikale Struktur 2007 81 J.

Abb. 1

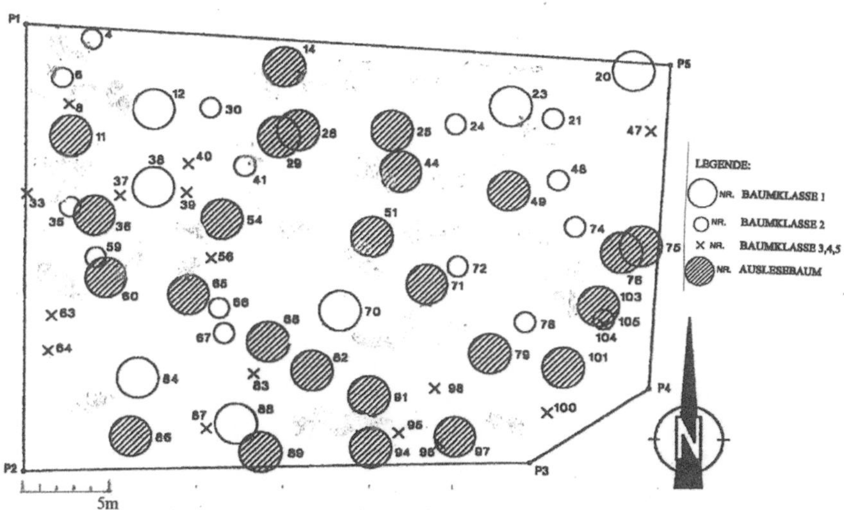


Aus vorstehenden Abbildungen wird die ungleichmäßige Stammzahlverteilung der GrAB sowie von dichten und lichten Teilen bzw. Lücken deutlich sichtbar. Eine Aufgabe der Pflege ist es, diese Strukturen weiter auszubauen.

Neben dieser horizontalen Struktur hat sich auch eine vertikale Stufigkeit herausgebildet. Nach der Dipl.-arb. von S. Richter (45) nimmt die gesamte beschirmte Fläche, aufgenommen 1997 im Alter von 71 Jahren, 8230 qm/ha ein. Dazu kommen noch 1859 qm/ha unterständige Kronen. Dieser beträchtliche Anteil an Doppelbeschirmung zeigt eine hohe vertikale Stufigkeit.

Abb. 2

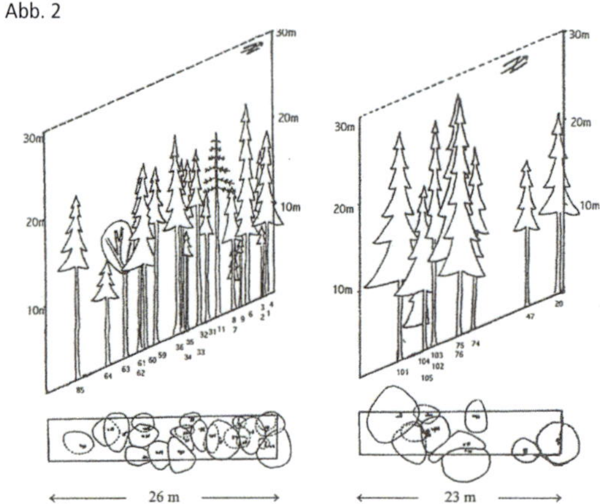


In den beiden Bestandsausschnitten erkennt man sowohl die horizontale aber auch die vertikale Differenzierung. Diese deutliche ungleichmäßige Stammzahlverteilung ist ein Charakteristikum des Bergwaldes und wird vor allem durch die extremen Schnee- und Windverhältnisse, aber auch vom stark wechselnden Kleinstandort bestimmt

Die Pflegeeingriffe sind damit vorgegeben. Ihre Hauptaufgabe ist es, diese von der Natur geschaffenen Strukturen weiter zu entwickeln.

### 3.4.3 Durchmesserstruktur der Fi durch den letzten Pflegeeingriff 2005

Abb. 3

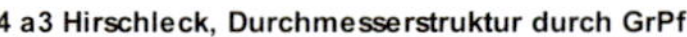


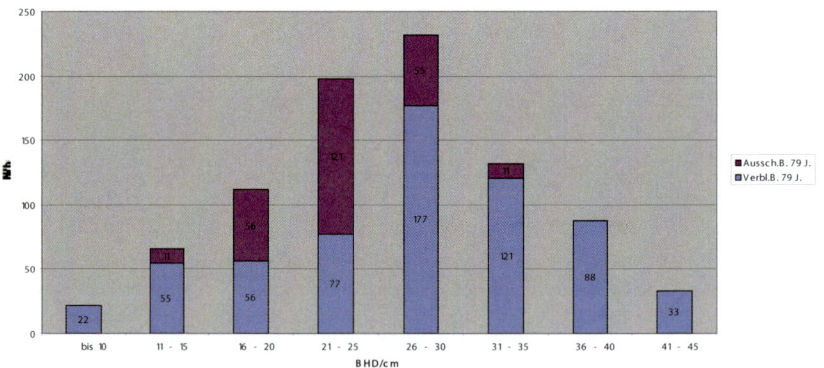


Abb. 3 lässt deutlich das Prinzip der GrPf erkennen, nämlich: Förderung von Gruppierungen starker Bäume durch Entnahme von Bedrängern im mittleren Durchmesserbereich;

Förderung schwächerer Gruppierungen und Einzelbäume in den Zwischenteilen.

Der verbleibende Bestand erfährt durch die GrPf eine Verschiebung in den starken Durchmesserbereich hinein und eine zweigipfelige Verteilung durch die Förderung auch von entwicklungsfähigen Bäumen in mittleren bis schwächeren Durchmessern.

Gerade die fördernden Engriffe auch im schwachen Bereich des Durchmesserspektrums sind wichtig für dessen Stabilisierung.

### 3.4.4 BHD Fi in Abhängigkeit von der Kronenschirmfläche (KSF)

(die Kronenschirmflächen sind aus der Dipl.-arb. (45) entnommen)

Abb. 4

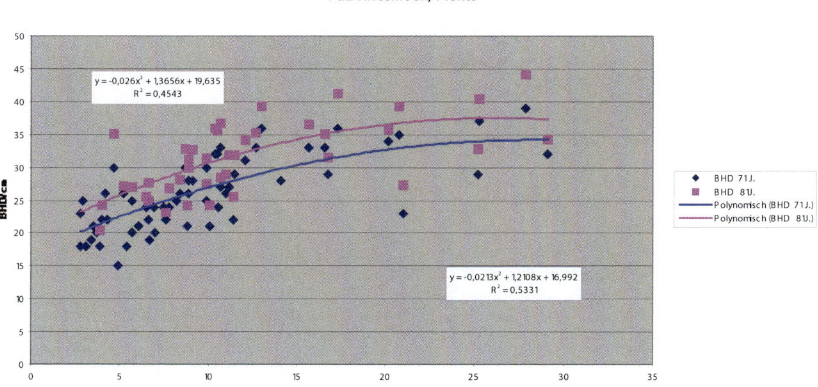


Mit größer werdender Krone steigt der BHD bei der Fi an, allerdings nur bis zu einem Optimum von rd. 25 qm, sowohl für das Alter von 71 und 81 Jahre. Noch größere Kronen haben keinen weiteren Durchmessergewinn erzielt.

Der Abstand der beiden BHD-Kurven über alle Kronengrößen hinweg ist ungefähr gleich groß. Der jährliche Durchmesserzuwachs liegt zwischen 0,31 cm bis 0,39 cm/J., wobei die Fichten mit den größten Kronen von 30 qm am niedrigsten liegen. Die mittleren Kronengrößen schneiden mit 0,39 cm/J. am günstigsten ab.

# 4. WEITERE ERGEBNISSE ZUR GRUPPENPFLEGE

## 4.1 Ovalität und Exzentrizität

Um der Frage nach evtl. Qualitätsminderungen infolge einer ungleichmäßigen Stellung der Fichten durch die GrPf. nachzugehen, wurden an 26 Stammscheiben aus 1,3 m Höhe die Durchmesser und die Entfernung zu allen benachbarten Bäumen erhoben.

Die Messungen erfolgten in den Beständen X 2 a2 Wiesenholz Fl. 1 u.2, sowie in X 2 a3 Wiesenholz Fl. 4. In diesen Beständen sind bereits 5 Eingriffe vorgenommen worden und es haben sich schon typische Strukturen nach dem Prinzip der Gruppenpflege herausgebildet.

Abb. 1

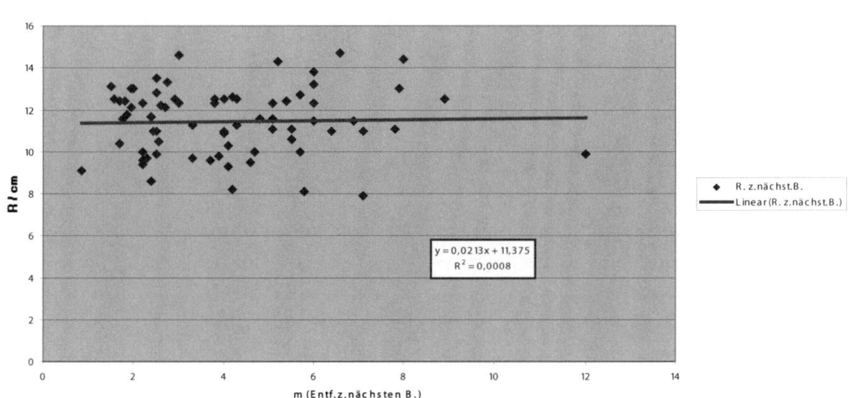


Innerhalb der durch die Gruppenpflege erzielten ungleichmäßigen horizontalen Struktur, besteht keine Abhängigkeit zwischen der Entfernung zum nächsten Baum und seinem erzielten Radius.

Der durchschnittliche Radius in 1,3 m Höhe beträgt über alle Baumentfernungen bis 12 m, 11,5 cm. Dem steht ein dazugehöriger BHD von 22,8 cm gegenüber, so dass sowohl keine Exzentrizität als auch keine Ovalität im Bestandsdurchschnitt vorhanden ist.

Da die Windeinwirkung bei der Fichte, verbunden mit weitem Baumabstand, häufig zu Druckholzbildung führt, werden in folgender Abb. 2 die Radien in der hier hauptsächlich herrschenden W/O- Windrichtung untersucht.

Abb. 2

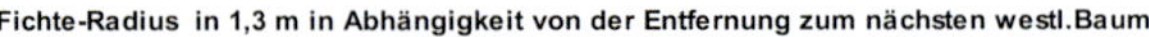


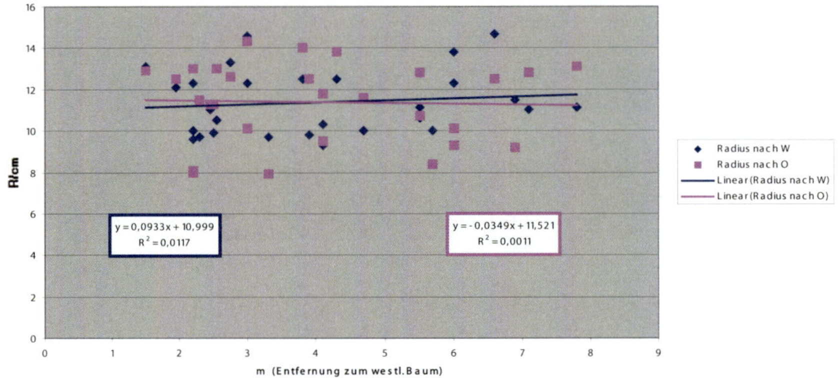


Nach vorstehender Abb. 2 steigt mit größer werdendem Abstand der Bäume gegen die Hauptwindrichtung nach W der westliche Radius der Fichten nur unbedeutend an, wobei auch keine Druckholzbildung an der windabgekehrten Seite an den östenlichen Radien eingetreten ist

Zu ähnliche Ergebnissen kommt auch eine Untersuchung in einem älteren Fichtenbestand, welche im Rahmen einer Diplomarbeit (13) vorgenommen worden ist.

Zusammenfassend kann aus vorliegenden Untersuchungen festgestellt werden, dass eine Lückenbildung durch die Gruppenpflege keinen negativen, qualitativen Einfluss auf die Schaftform der Fichte ausübt.

# 5. ZUSAMMENFASSUNG UND SCHLUSSBEMERKUNG

Die GrPf geht von einer Gesamtbetrachtung des Waldes als Ökosystem in seiner vernetzten Vielfalt aus. Dieser erweiterterten Zielrichtung einer Ökosystempflege trägt die GrPf Rechnung durch die Förderung jeder sich bietenden Vielfalt, wie Mischung, Ungleichaltrigkeit, vertikale Struktur und vor allem der horizontalen Struktur.

Stabile gewachsene Gruppierungen werden nicht auseinandergerissen. Die GrPf ist eine Pflegestrategie der geringsten Destabilisierung und gewährleistet als solche, einen möglichst frühen Umbau reiner Fichtenbestände in gemischte, ungleichaltrige, strukturierte Dauerwälder, mit hohem Zuwachs.

Die GrPf berücksichtigt sowohl die Produktions-, Schutz- und Sozialfunktion sowie Ziele des Naturschutzes. Für die erweiterten umfassenden Aufgaben sind Pflegeziele und Leitsätze für die praktische Durchführung der GrPf erarbeitet worden.

In vorliegender Arbeit wird die Gruppenpflege (GrPf) als Teil einer naturgemäßen Waldbehandlung durch Ergebnisse aus 38 Fichten-Versuchsflächen untermauert. Die wichtigsten Ergebnisse sind zusammengefasst folgende:

- Die GrPf gibt keine Vorgaben über Anzahl und Abstand von Auslesebäumen, sie werden allein nach Kriterien: Gesundheit, Vitalität, Stabilität und Qualität aus dem herrschenden (GrAB1) aber auch aus dem beherrschten Bestand (GrAB2) ausgesucht. Die Anzahl der GrAB ist höher als bei einer AD oder ZB-D.
- Die GrPf führt zu einer ungleichmäßigen horizontalen Struktur mit dichten und lichten Teilen sowie Lücken
- Die ungleichmäßige Auflockerung des Kronendaches ermöglicht eine früh einsetzende natürliche oder künstliche Verjüngung
- In ungleichaltrigen Beständen ist ein ausreichender zuwachskräftiger Zwischenstand und eine kontinuierlich laufende Verjüngung Voraussetzung für eine volle Ausnutzung der Zuwachspotenz
- Der Volumenzuwachs ist nicht nur abhängig von der Vorratshöhe, sondern auch von seiner Stärkenverteilung
- Die GrPf verschiebt die Durchmesserstruktur in stärkere Dimensionen. Dies führt zusammen mit der Förderung von vielen GrAB und einer flächigen Bearbeitung zu einem höheren Volumenzuwachs gegenüber der AD. Die Überlegenheit erfolgt schon nach der ersten Gruppenpflege oder bei ungünstiger Ausgangslage erst nach bis 3 maliger Wiederholung. Gegenüber einer ZB-D mit wenigen ZB wird die Überlegenheit der GrPf noch deutlicher ausfallen
- Der Durchmesserzuwachs in der Zuwachsperiode von 17 bis 51 Jahren beträgt aus vergleichbaren Versuchsflächen (Ziff. 1.4.2) für die GrPf mit im Durchschnitt rd. 403-331 GrAB/ha 0,72 cm/J. Die AD hat mit nur 253-218 AB/ha einen gering höheren Durchmesserzuwachs von 0,74 cm/J. Dafür nutzt aber die GrPf den Lichtungszuwachs, wenn auch leicht abgeschwächt, an wesentlich mehr Bäumen aus.

- Die 100 stärksten GrAB/ha leisten in der gleichen Zuwachsperiode mit 0,85 cm/J. sogar einen höheren Durchmesserzuwachs als die 100 stärksten AB/ha mit nur 0,82cm/J. Insgesamt wird deutlich, dass die GrPf das Standortpotential besser ausnutzt.
- Mit größer werdender Krone, gemessen an der Kronenschirmfläche, steigt der Durchmesserzuwachs bzw. der BHD nur bis zu einem Maximum an, um bei einer weiteren Kronenvergrößerung abzufallen. Die Kronenvergrößerung hat demnach eine Begrenzung. Die nur lose Abhängigkeit mit Bestimmtheitsgraden von 0,16 bis 0,53 und die große Streuung der Einzelwerte zeigen, dass den Individualunterschieden eine große Bedeutung zukommt.
- Eine Förderung von nur wenigen AB oder ZB, verbunden mit nicht gepflegten Zwischenteilen, führt zu Zuwachsverlusten. Bäume mit gleichgroßen Kronen haben bei entsprechender Förderung - je nach Kronengröße - einen um im Durchschnitt 22 bis 35 % höheren Durchmesserzuwachs als solche in nicht behandelten Zwischenteilen.
- Die durch die GrPf entstehende ungleichmäßige horizontale Baumverteilung übt keinen negativen Einfluss auf die Ovalität und Exzentrizität der Baumschäfte aus.

In der Praxis wird die GrPf bereits auf großer Fläche angewendet. Neben den Ergebnissen aus den hier vorgestellten Versuchsflächen gewinnt die praktische Erfahrung eine immer größere Bedeutung. Bei Exkursionen und Waldbegängen kann ich immer wieder feststellen, welche hervorragenden Bestände in relativ kurzer Zeit von engagierten Praktikern geformt worden sind.

Entsprechend den unterschiedlichen standörtlichen Ausgangslagen haben sich selbstverständlich auch verschiedene Varianten ergeben. So ist z.B. die Anzahl der GrAB und die Anzahl und Größe der Gruppen von Bestand zu Bestand unterschiedlich. Die GrPf passt sich jeweils an den entsprechenden Bestand ohne Schema und Schablone an.

Die hier in dieser Arbeit vorgestellten Grundprinzipien der Gruppenpflege bleiben aber davon unberührt.

Diese vielen Beispiele in der Praxis sind eine hervorragende Basis, weitere Versuchsflächen auf möglichst vielen Standorten anzulegen, um umfassendere Aussagen treffen zu können. Hierzu sei vor allem die wertvolle Mitarbeit der örtlichen Wirtschafter angesprochen.

Abschließend sei festgestellt, dass die vorliegende Arbeit eine weitere Sicht für eine naturgemäße Waldpflege in der Fichte eröffnen will. Viele Fragen bedürfen noch einer weiteren Untermauerung, die hier aufgeführten Beispiele können aber jetzt schon Anregung für die waldbauliche Tätigkeit vor Ort liefern.

## 6. LITERATUR

1) AMMON, W., (1951). Das Plenterprinzip in der Waldwirtschaft, Verlag Paul Haupt Bern-Stuttgart

2) BIOLEY, H., (1901): Le jardinage cultural, Jfs

3) BLANCKMEISTER, J., (1956): Die räumliche und zeitliche Ordnung im Walde, Neumann Verlag

4) BUSSE, J., (1930): Neuere Erfahrungen im Durchforstungswesen, Der Deutsche Forstwirt, Nr.42, S. 261

5) BUSSE, J., (1935): Gruppendurchforstung, Forstliche Wochenzeitschrift, Silva, 23.Jg., Nr.19, S.145 - 152

6) BISCHOFF, N., (1984): Pflege des Gebirgswaldes, Bern 1984

7) DANNECKER, K., (1993): Ausgewählte Schriften von Karl Dannecker, Zusammengestellt von Dr. Walter Trepp und Siegfried Palmer, Stuttgart

8) DUCHIRON, M-S., (2000): Strukturierte Mischwälder, Eine Herausforderung für den Waldbau unserer Zeit, Parey Buchverlag Berlin

9) FISCHER, G., (1993): Strukturanalyse und Standraumökonomie bei Fichte, Dipl.-arb. an der FHS Weihenstephan

10) GAYER, K., (1886): Der gemischte Wald, seine Begründung und Pflege, insbesondere durch Horst- und Gruppenwirtschft, Verlag Paul Parey Berlin

11) v.d. GOLTZ, H., (1991): Strukturdurchforstung der Fichte. Ein Weg zu stufigem Bestandsaufbau AFZ, 13

12) v.d. GOLTZ, H., (2006): Fichtenbehandlung-Schmallenberg die Zweite, Der Dauerwald, 33,

13) GÜNZELMANN, G., ROTHKEGEL, W., WEIßMANN, W., (1984): Kronenmerkmale und Jahrringbau in einem Altbestand aus Fichte, Dipl.-arb. an der FHS Weihenstephan

14) GRAD, M., SIEGLER, H., (1994): Verteilung von Rottenstrukturen und Ausbildung von Säbelwuchs in einem Fichtenbestand im Jugendstadium des FA Ruhpolding, Dipl.-arb. an der FHS Weihenstephan

15) GREGER, O., (1995): Biogruppen - Bausteine vielfältiger Waldstrukturen, Der Dauerwald, 13,

16) HANEWINKEL, M., (1996): Überführung von Fichtenreinbeständen in Bestände mit Dauerwaldstruktur, AFZ/Der Wald, 51

17) HUBER, M. (1993): Die Gruppendurchforstung, Der Dauerwald, 9

18) KATO, F., (1979): Qualitative Gruppendurchforstung zur Rationalisierung der Buchenwirtschaft, AFZ, 8

19) KATO, F. und MÜLDER, D., (1998): Qualitative Gruppendurchforstung der Buche Wertentwicklung nach 30 Jahren, Forst und Holz, 5

20) KLEIN, E., (1987): Fichtentypen und neuartige Waldschäden, AFZ 16, 17

21) KLEIN, E., (1989): Abkehr von bisherigen Prinzipien der Dickungspflege in der Fichte, AFZ, 28

22) KLEIN, E., (1991): Gruppendurchforstung als Alternative, Drehwuchs und Spannrückigkeit bei der Fichte, AFZ, 18
23) KLEIN, E., (1994): Waldbehandlung auf ökologischer Grundlage, Zur Gruppenpflege bei der Baumart Fichte , Der Wald ,7, DLV Berlin
24) KLEIN,E., (2009): Ein Weg zum Dauerwald – zur Gruppenpflege bei der Fichte, Der Dauerwald, 39
25) KÖNIG, G., (1848): Die Waldpflege aus der Natur und Erfahrung neu aufgefasst, aus: Mitteilungen des Thüringer Forstvereins, 2, 1991
26) KUOCH, R., (1972): Zur Struktur und Behandlung von subalpinen Fichtenwäldern, Schweiz. Zeitschr. f. Forstwes., 2
27) KRUTZSCH, H., (1952): Waldaufbau, Berlin
28) LANG, K., (1991): Möglichkeiten der Erziehung betriebssicherer Fichtenbestände, AFZ, 26
29) LEIBUNDGUT, H., (1984): Die Waldpflege, Paul Haupt Bern u.Stuttgart
30) LEITERSTORFER, CH., MAIER, R., (1993): Pflegekonzept sowie Analyse von Strukturmerkmalen und deren Einfluss auf Wuchsdeformationen an Fichte, Dipl-arb. an der FHS Weihenstephan
31) LEMKE, P., (1991): Die strukturierende Durchforstung eines 85-jährigen Fichtenbestandes, AFZ, 18
32) LIEBOLD, E., (1965): Die Erkennbarkeit der Wuchspotenz des Einzelbaumes im gleichaltrigen Fichtenbestand, Arch. für Forstwes., 14. Bd., 11/12
33) MAYER, H., OTT, E., (1991): Gebirgswaldbau und Schutzwaldpflege, 2. Auflage Stuttgart, New York, G. Fischer Verlag
34) MLINSEK, D., (1975): Die Waldpflege im subalpinen Fichtenwald am Beispiel von Pokljuka, Forstwiss. Cbl., 94, S. 202-2009
35) MÖLLER, A., (1923): Der Dauerwaldgedanke, sein Sinn und seine Bedeutung, Springer Verlag Berlin Heidelberg
36) MÖBS, A., (2002): Führt die Auslesedurchforstung zum Dauerwald, Der Dauerwald, 25
37) MÜLDER, D. und GREGER, O., (1995): Überlegungen zur Fortentwicklung der naturgemäßen Waldwirtschaft unter besonderer Berücksichtigung der Gruppendurchforstung, Der Dauerwald, 12
38) MÜLDER, D., (1990): Nur Individualauswahl oder auch Gruppenauswahl?, Schriftenreihe der Forstl. Fakultät d. Univ. Göttingen, Bd. 96, J. D. Sauerländers Verlag Frankfurt a. M.
39) MÜLLER, H. J., (1988): Ökologie, VEB Gustav Fischer Verlag Jena
40) ODUM, E. P., (1983): Grundlagen der Ökologie, Bd. 1, VEB Gustav Fischer Verlag Jena
41) OTTO, H-J., (1994): Waldökologie, Verlag Eugen Ulmer Stuttgart
42) PALMER, S., (1996): Auf dem Weg zu naturnaher Fichtenwirtschaft - durch Struktur und Mischung aus der Krise, Der Dauerwald, 15
43) REININGER, H., (1990): Bestandsstrukturierung schon im Durchforstungsalter, Schweiz. Z. Forstwes., 141

44) REININGER, H., (1992): Zielstärken-Nutzung, Österreichischer Agrarverlag Wien
45) RICHTER, V. S., (1998): Strukturanalyse zweier Bergmischwaldbestände im Forstamt Ruhpolding, Dipl.-arb. an der FHS Weihenstephan
46) RUDOLF, H., (1996): Wege zum Dauerwald, Der Dauerwald, 15
47) SCHÄDELIN, W., (1936): Die Durchforstung als Auslese – und Veredelungsbetrieb
48) SCHÜTZ, J.-P. (1990): Heutige Bedeutung und Charakterisierung des naturnahen Waldbaus, Journal Forestier Suisse, 8
49) SCHÖNENBERGER, W., (1987): Stabiler Wald durch Rottenaufforstung, AFZ, 11
50) STAHL-STREIT, J., (1997): Die Umstellung auf naturgemäße Waldwirtschaft aus der Sicht der forstlichen Praxis, Der Dauerwald, 16
51) THOMASIUS, H., (1996): Geschichte, Theorie und Praxis des Dauerwaldes, Erweiterte Fassung eines Vortrages .... Am 14.05.1996 in Garitz bei Dessau, Salzland Druck Staßfurt
52) ZAJACZKOWSKI, J., (1990): Stabilisierende Gruppendurchforstung in Kiefernbeständen, Forstarchiv, 1
53) ZELLER, E., (1991): Rationelle Pflegemaßnahmen im Schutzwald, Österreichische Forstzeitung, 6
54) Verschiedene Autoren: HUBER, A.; LEIMBACHER, W.; SCHMID, H.; ACKERMANN, W.; ALLENBACH, D.; BROGGI, F.; FAVRE ‚L-A.; OBERSON, J-M.; HANGARTNER, L.; u. a. - „Naturgemäße Waldwirtschaft“, Neujahrsblatt der Naturforschenden Gesellschaft, Schaffhausen, 51, 1999

# 7. ABKÜRZUNGEN

| | |
|---|---|
| A | Alter |
| AB | Auslesebäume |
| AD | Auslesedurchforstung |
| | |
| B-Typ | Bürstentyp |
| BHD | Brusthöhendurchmesser, Durchmesser in 1,30 m über dem Erdboden |
| BKl. | Baumklasse |
| | |
| dg | Durchmesser des Grundflächenmittelstammes |
| dh | Höhe des Grundflächenmittelstammes |
| do | Durchmesser des Oberhöhenstammes nach ASSMANN |
| dz oder id | Durchmesserzuwachs |
| ho | Oberhöhe nach ASSMANN |
| DH | Derbholz |
| | |
| Ekl. | Ertragsklasse |
| Efm.o.R. | Erntefestmeter ohne Rinde |
| | |
| GrAB | Gruppen-Auslesebäume |
| GrD | Gruppendurchforstung |
| GrPf | Gruppenpflege |
| | |
| K-Typ | Kammtyp |
| KD | Kronendurchmesser |
| KSF | Kronenschirmfläche |
| | |
| ljz.v | laufend jährlicher Volumenzuwachs |
| | |
| N | Stammzahl |
| NV | Naturverjüngung |
| | |
| OH | Oberhöhe nach ASSMANN |
| OH-Bon. | Oberhöhenbonität nach ASSMANN |
| | |
| Vfm | Vorratsfestmeter |
| VV | Vorausverjüngung |
| | |
| ZB | Zukunftsbaum |
| ZE | Zufällige Ergebnisse |

# 8. BILD-ANHANG

| | |
|---|---|
| Bild 1 | Dreiergruppe, Gemeindewald Basadingen |
| Bild 2 | zu Ziff. 2.4 X 2 a3 Heiligkreuz Fl. 4 |
| Bild 3 u. 4 | zu Ziff. 2.6 XII 6 a3 Tirolerschlag Fl. 5 |
| Bild 5 | zu Ziff. 2.5 XI 3 a3 Heiligkreuz Fl. 13 |
| Bild 6 | zu Ziff. 2.8 XI 3 c1 Heiligkreuz Fl. 1 |
| Bild 7 u. 8 | zu Ziff. 2.10 XII 2 a2 Lange Seiche Fl. 1 |
| Bild 8 | zu Ziff. 2.10 XII 2 a2 Lange Seiche Fl. 2 |
| Bild 10 u. 11 | zu Ziff. 2.2. X 2 a3 Wiesenholz Fl. 11 |
| Bild 12 u. 13 | zu Ziff. 2.2 X 2 a3 Wiesenholz Fl. 1+2 |
| Bild 14 u. 15 | zu Ziff. 2.11 XII 5 a° Streitham |
| Bild 16 | Drehwulst an Z-Bäumen |
| Bild 17 | Bürstentyp (B-T) und Kammtyp (K-T) |

**Bild 1**
**Dreiergruppe, Gemeindewald Basadingen (Schweiz)**
( v. links die Professoren: Chr. Mettin, F. Rittershofer, E. Klein)

**Bild 2**

XI 3 a3 Heiligkreuz Fl. 4, Struktur nach zweimaliger Gruppenpflege

**Bild 3**

XII 6 a3 Tirolerschlag Fl. 5, Struktur nach fünfmaliger Gruppenpflege

**Bild 4**
XII 6 a3 Tirolerschlag Fl. 5, Struktur nach fünfmaliger Gruppenpflege

**Bild 5**
XI 3 a3 Heiligkreuz Fl. 13, Dreiergruppe mit Totholz nach dreimaliger Gruppenpflege

**Bild 6**

XI 3 c1 Heiligkreuz Fl.1, truppweiße Ta und Bu-Pflanzung und nach zweimaliger GrPf.

**Bild 7**

XII 2 a2 Lange Seiche, Fl. 1 Fi-Mb., Ta, Fi, Bu - NV nach viermaliger Gruppenpflege

**Bild 8**

Ausschnitt aus Bild 7, Ta- Naturverjüngung im Hintergrund von Bild 7

**Bild 9**

XII 2 a2 Lange Seiche Fl. 2 Fi- Rb mit Ta und Lbh. NV nach viermaliger Gruppenpflege

**Bild 10**
X 2 a3 Wiesenholz Fl. 11, truppweise Pflanzung von Bu nach der Dickungspflege in der Fi im Alter von 10 J., Stand: 26 J.

**Bild 11**
Andere Sicht von Fl. 11

**Bild 12**
X 2 a3 Wiesenholz Fl. 1 + 2, truppweise Pflanzung von Bu nach der Dickungspflege in der Fi im Alter von 13 J., Stand: 35 J.

**Bild 13**
Andere Sicht von Fl. 1 + 2

**Bild 14**

XII 5 a° Streitham, Umbau eines Fi – Altbestandes, Stand: 108 J.

**Bild 15**

An der Sicht von Fl. 5 a°

**Bild 16**
Drehwulste an Z- Bäumen

**Bild 17**
Links Bürstentyp (B-T), rechts und Hintergrund Mitte Kammtypen (K-T) mit beginnenden Triebdeformationen